金属挤压有限元模拟技术及应用

黄东男 著

U0342292

北 京
冶 金 工 业 出 版 社
2015

内 容 提 要

本书介绍了挤压数值模拟技术的发展、应用及注意事项；系统地论述了有限元模拟技术在金属挤压成型理论与工艺，模具设计，寿命与成型质量预测中的应用。

全书共分9章，主要内容包括挤压成型数值模拟，焊合区网格重构技术，瞬态挤压过程温度场模拟，双孔模挤压过程模拟分析，复杂断面空心型材挤压过程模拟，变形体与工作带表面分离的解决方案，大型实心铝型材工作带结构优化，高性能镁合金挤压过程模拟。

本书可供从事金属挤压生产、研究、开发和应用的工程技术人员、科研人员以及科研院所、高等院校从事数值模拟研究的师生参考阅读。

图书在版编目（CIP）数据

金属挤压有限元模拟技术及应用/黄东男著．—北京：冶金工业出版社，2015.3

ISBN 978-7-5024-6854-5

Ⅰ．①金…　Ⅱ．①黄…　Ⅲ．①有限元法—应用—金属—挤压—数值模拟　②有限元法—应用—金属—挤压—物理—模拟　Ⅳ．①TG37

中国版本图书馆 CIP 数据核字（2015）第 045830 号

出　版　人　谭学余
地　　　址　北京市东城区嵩祝院北巷 39 号　邮编　100009　电话　（010）64027926
网　　　址　www.cnmip.com.cn　电子信箱　yjcbs@cnmip.com.cn
责任编辑　贾怡雯　美术编辑　吕欣童　版式设计　孙跃红
责任校对　卿文春　责任印制　李玉山
ISBN 978-7-5024-6854-5
冶金工业出版社出版发行；各地新华书店经销；三河市双峰印刷装订有限公司印刷
2015 年 3 月第 1 版，2015 年 3 月第 1 次印刷
169mm×239mm；10.25 印张；202 千字；151 页
38.00 元
冶金工业出版社　投稿电话　（010）64027932　投稿信箱　tougao@cnmip.com.cn
冶金工业出版社营销中心　电话　（010）64044283　传真　（010）64027893
冶金书店　地址　北京市东四西大街 46 号（100010）　电话　（010）65289081（兼传真）
冶金工业出版社天猫旗舰店　yjgy.tmall.com
（本书如有印装质量问题，本社营销中心负责退换）

序　言

近年来，我国已经成为世界最大规模的金属加工制造大国。塑性加工技术作为一种主要金属加工制造方法，广泛应用于国民经济和国防建设的各个领域，在一定程度上代表了一个国家的制造业水平。

塑性加工过程表现为变形金属与模具之间在外力作用下的矛盾统一体，其变形过程与机理非常复杂。传统的成型工艺与模具设计是基于经验的多反复性过程，存在产品开发周期长、成本高的缺点。面对激烈的市场竞争压力，塑性加工行业迫切需要提升设计水平和自动化能力来改造传统技术，从而更有效地支持相关新技术、新产品的开发。塑性加工过程有限元模拟技术正是在这一背景下产生和发展的。

塑性加工过程有限元模拟技术是计算力学、塑性加工技术及材料科学相互交叉的理论计算分析方法，进入 21 世纪以来，该技术已经广泛应用于复杂塑性加工过程的模拟预测和过程分析中，成为工业化国家塑性加工工艺理论技术研究与工艺模具优化设计分析的必要工序。

挤压技术作为金属塑性加工的主要成型方法，可最大程度地提高金属的塑性成型能力。挤压方法不但可成型传统金属制品，还可成型锻造、轧制等其他塑性加工方法难加工甚至无法加工的低塑性难变形合金（高强铝合金、镁合金、高温合金、钛合金等）制品。经过 200 多年的发展，目前挤压技术正向着挤压产品的组织性能与形状的精确控制、高性能难加工材料的挤压工艺与技术开发、挤压生产的高效率化和低成本化等方向发展。由于挤压是在高温、高压、高摩擦等复杂条件下，近似于全密闭的空间（挤压筒、挤压模）内成型制品，因此精确把握真实的金属流动行为难度非常大。研究和把握金属在挤压过程中的流动变形行为，是正确设计模具，精确控制产品的组织性能、形状尺寸，预防缺陷产生，提高挤压成材率和生产效率的基础，因此把握金属在挤压过程中的流动变形行为一直是研究人员坚持不懈的努力方向。

有限元模拟技术的快速发展和计算速度的迅速提高，促进了计算机模拟分析方法在挤压过程金属流动变形行为研究中的应用，在揭示金属流动变形和组织演变过程、分析缺陷形成原因、指导模具设计等方面正在发挥重要的作用，是奠定挤压新工艺、新技术设计和发展的重要基础方法。

内蒙古工业大学材料科学与工程学院副教授黄东男博士所著《金属挤压有限元模拟技术及应用》一书，建立在深入的塑性加工理论分析和企业现场实践的基础上，是作者长期从事挤压过程有限元数值模拟研究工作经验和成果的总结。作者对于有限元模拟理论和方法及模具与工艺设计技术都有着深入的理解和丰富的实践经验，不但可以为读者解决有限元挤压分析中的大量现实问题，还提供了一些前沿理论和方法的研究成果与应用实例，是一部难得的专著和参考教材。

该书系统地论述了挤压过程有限元模拟的一些关键问题，并以大量实例介绍了有限元模拟技术在典型断面铝型材、镁合金型材等难加工材料上的应用，尤其是书中关于分流挤压的焊合问题处理、变形体与工作带表面分离的解决方案、复杂断面空心型材挤压过程模拟等内容，都具有先进的水平和实用性。

作为目前国内系统论述金属挤压过程有限元模拟技术的专著，本书具有较高的学术价值，同时也有必要在以后的发展和应用中不断修改、补充和完善。相信该书对从事挤压研究工作的企业研发人员、研究生及科研人员有所裨益，特作序推荐。

中国塑性工程学会　副理事长
中国科学院金属研究所　研究员

前　言

挤压具有基础理论性强、工艺技术性高、品种多样和生产灵活等特点，是金属材料（管、棒、线、型材）工业生产和各种复合材料、粉末材料、高性能难加工材料等新材料与新产品制备、加工的重要方法。

经过200多年的发展，金属挤压技术、工艺和装备均取得了巨大的进步，挤压产品已广泛应用于航空航天、舰船、交通运输、能源、冶金、化工及国防军工等领域。但与锻造、轧制等其他传统塑性加工方法一样，金属挤压理论与技术仍处于不断发展之中。

随着对坯料、模具设计、挤压工艺、金属流变和组织控制、产品性能要求的提高，采用传统解析方法与依靠工程类比和模具设计师个人经验试错的方法已很难满足制品性能要求。以数值模拟取代部分实验，揭示挤压成型规律与各场量间的关系、减少试模次数、预测型材成型质量，已成为研究金属挤压制品精确成型过程、制定合理模具结构、优化工艺、奠定成型理论的最有效手段。

目前国外一些大公司已经将挤压成型过程数值模拟作为挤压工艺制定、模具设计及制造流程中的必经环节。基于这一认识，作者在多年从事挤压过程有限元数值模拟研究工作的基础上，写成了本书。旨在通过对挤压过程有限元模拟关键问题的解决，以及对数值模拟技术在典型断面铝型材、难加工材料等方面应用的系统总结，让读者了解挤压过程有限元模拟技术的发展与应用，及其对挤压理论与工艺制定、模具结构优化及生产实践提供的理论指导作用。

本书共分9章。第1章介绍了挤压技术的发展与应用，挤压理论的研究方法及发展趋势；第 2 章为挤压数值模拟技术的发展、应用及注意事项；第 3 章重点介绍了分流模挤压时的焊合区网格重构技术及其在非对称小断面型材挤压中的应用；第 4 章是对分流模瞬态挤压的介绍，主要是在焊合过程温度场理论计算分析中的应用；第 5 章和第 6 章详细介绍了有限元模拟技术在双孔模挤压方管、复杂断面空心型材挤压过程的金属流变行为、焊合质量、模具设计及寿命、成型质量预测等方面的应用；第 7 章和第 8 章介绍了有限元模拟时变形体与工作带表面分离的解决方案，及其在大型实心铝型材工作带结构优化中的应用；第 9 章介绍了有限元模拟技术在高性能镁合金挤压成型工艺及模具优化设计中的应用。

完成本书之际，作者首先要感谢长期以来在该领域给予指导与帮助的各位老师，以及一起从事该研究的同事们。其次，本书除作者的研究成果外，还参考引用了国内外专家学者的研究成果，在此表示感谢。另外，作者特别感谢中国塑性工程学会副理事长、中国科学院金属研究所张士宏研究员为本书欣然作序。最后，感谢国家自然科学基金、内蒙古自治区高校材料成型及控制工程重点实验室学术著作出版基金对本书出版的支持。

由于作者水平所限，书中难免存在欠妥之处，诚请读者批评指正。

黄东男

2014 年 12 月

目　录

1 概　　述

1.1　金属挤压理论及发展

挤压是对放在容器（挤压筒）内的金属坯料施加外力，使之从特定的模孔中流出，从而获得所需截面形状和尺寸的一种塑性加工方法，如图 1-1 所示[1]。

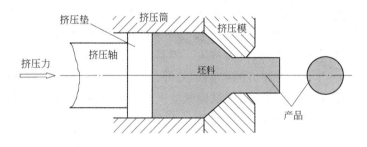

图 1-1　金属挤压的基本原理[1]

挤压具有基础理论性强、工艺技术性高、品种多样性好和生产灵活性大等特点，是金属材料（管棒线型材）工业生产和各种复合材料、粉末材料、高性能难加工材料等新材料与新产品制备和加工的重要方法。

世界上第一台挤压机是英国人布拉曼（S. Raman）在 1797 年设计完成的，是用以生产铅等低熔点软金属产品的机械式设备。1820 年英国人托马斯（B. Thomas）设计制造了第一台液压式铅管挤压机，具有挤压模、挤压轴及穿孔针，是现代无缝管材挤压机的原型，促进了管材挤压的发展；1894 年，德国人迪克（A. Iek）设计并制造了第一台可用于挤压黄铜的卧式挤压机；1910 年开始出现铝材挤压机。1918 年美国阿尔考（Alcoa）公司安装了第一台采用铸锭进行挤压的卧式铝型材挤压机；1941 年法国人赛德尔内（J. Sejournet）发明了玻璃润滑剂之后，促进了钢材挤压的发展；1972 年英国人格林（D. Green）发明了 Conform 连续挤压法；1984 年英国霍尔顿（Hhoten）公司与美国南方线材公司机械制造部联合建立了第一台卡斯特克斯（Castex）连续铸挤试验机，并于 1985 年制造了用于生产铝材的设备[1,2]。

经过 200 多年的发展，金属挤压技术、工艺和装备均取得了巨大的进步，挤压产品已广泛应用于航空航天、舰船、交通运输、能源、冶金、化工、国防军工等领域。根据统计，世界各国已装备不同类型、结构、用途及压力的挤压机 7000

台以上，其中美国 600 多台，日本 400 多台，德国 200 多台，俄罗斯 400 多台，中国 4000 余台[3,4]。大型运输机、轰炸机、导弹、舰艇、航母等军事工业和地铁、高速列车等现代化交通运输业的发展，需要大量的整体壁板等结构部件，这就使得其工艺装备也开始向大型化方向发展。目前全世界 50MN(5000t) 以上的大型挤压机接近 120 台，主要分布在美国、俄罗斯、日本、德国和中国。其中我国拥有 56 台，约占全球大型挤压机总数的一半，目前有色金属大型卧式挤压机包括 1.6 万吨、1.5 万吨级各一台，1.25 万吨级 3 台，1 万吨级 4 台，8000 吨级 11 台。黑色金属超重型立式挤压机 3.6 万吨级、5 万吨级各一台[5]。

　　挤压技术发展至今已达到了一定的水平。近些年来，除了改进和完善正、反向挤压方法及其工艺之外，还出现了许多强化挤压过程的新工艺和新方法，如舌型模挤压、平面组合模挤压、变断面挤压、水冷模挤压、静液挤压、扁挤压筒挤压、宽展模挤压、精密气水（雾）冷在线淬火挤压、半固态挤压、多坯料挤压、高速挤压、冷却模挤压、高效反向挤压、等温挤压、粉末挤压、新材料挤压等新技术[6~10]，生产出了高附加值的产品。另外，为了提高产品的尺寸精度及生产效率、降低挤压成本，达到通过零试模就能生产出优质挤压产品的目的，各国都在研究开发用于优化模具设计和挤压工艺的自动控制系统，其流程如图 1-2 所示[11]。

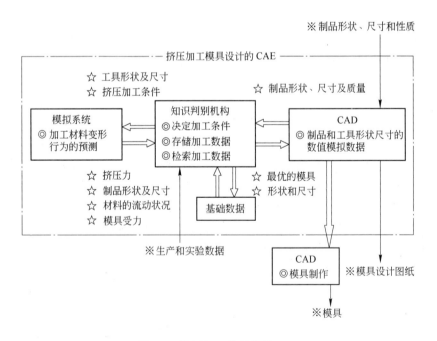

图 1-2　挤压加工模具设计 CAE

由上述可知，挤压技术的前期发展过程是从软金属到硬金属，从手工到机械化、半连续化、进一步发展到连续化的过程。挤压产品从主要集中在建筑、电力、电子电器等简单断面的中小型材，开始向断面形状复杂化、尺寸超精密小型化和大型化方向发展。在应用方面，从大尺寸的金属铸锭的热挤压开坯至小型精密零件的冷挤压成型，从以粉末、颗粒料为原料的直接挤压成型到金属间化合物、超导材料等难加工材料的挤压加工，现代挤压技术得到了广泛的开发与应用。

1.2 挤压加工方法与特点

挤压加工方法根据挤压筒内的金属应力-应变状态、挤压方向、润滑状态、挤压温度、工模具的种类和结构、坯料和产品的形状或数目等，对挤压方法进行分类。目前工业上常用的挤压方法有正挤压、反挤压、玻璃润滑挤压和静液挤压等[1]。

1.2.1 正挤压和反挤压

正挤压是挤压时金属产品的流出方向与挤压轴运动方向相同的挤压方法，如图 1-1 所示。正挤压是最基本的挤压方法，具有技术成熟、工艺操作简单、生成灵活性大等特点，成为铝及铝合金、铜及铜合金、镁合金、钛合金、钢铁材料等为代表的许多工业与建筑材料成型加工中使用最广泛的方法。其主要缺点是挤压时坯料与挤压筒内壁之间存在较大摩擦和摩擦热，使得挤压过程金属坯料表面和心部流动不均匀，从而给挤压产品质量带来不利的影响。

反挤压是挤压时产品流程方向与挤压轴运动方向相反的挤压方法，如图1-3所示。主要用于高强铝合金、铜及铜合金管材与型材的热挤压成型，以及各种铝合金、铜合金、钛合金、钢铁材料零部件的冷挤压成型。反挤压时由于金属坯料与挤压筒内壁间无相对滑动，同时金属变形主要集中在模孔区域，因此挤出过程金属流动均匀，相比正挤压法挤出型材尺寸精度高，如图 1-4 所

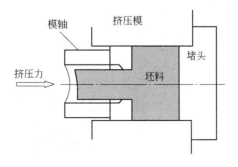

图 1-3　反挤压法[1]

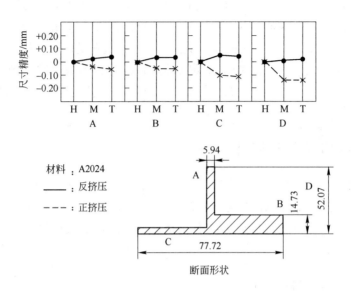

图 1-4　挤出型材的尺寸精度[12]

示。同时挤压能耗低，因此在相同吨位的设备上，反挤压法可以实现更大变形程度的挤压变形，或挤压变形抗力更高的金属合金。主要缺点是坯料表皮金属容易残留在挤压制表面，同时挤压筒和坯料件的空气和杂质会在挤出制品表面产生缺陷。另外由于受反挤压时挤压轴中空，对于外接圆直径较大的型材，挤压时其内径强度将受到限制，与正挤压法相比其很难进行挤压。到目前为反挤压技术仍不完善，操作较为复杂，挤压产品质量的稳定性仍需进一步提高。

关于空心型材的挤压，正挤压和反挤压法存在较大差异，图 1-5 所示为空心型材挤压时的典型代表，对于纯 Al、Al-Mg-Si 系、Al-Mn 系合金的管材用图 1-5(a)所示的舌型模或者图 1-5(b)所示的分流组合模进行挤压。Al-Mg 系、Al-Zn 系、Al-Cu 系等高强铝合金、铜合金、钢的管材用图 1-5(c)、(d) 所示的固定穿孔针法和浮动穿孔针法进行挤压。

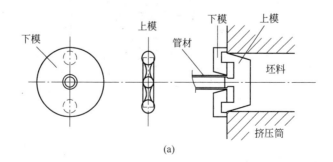

(a)

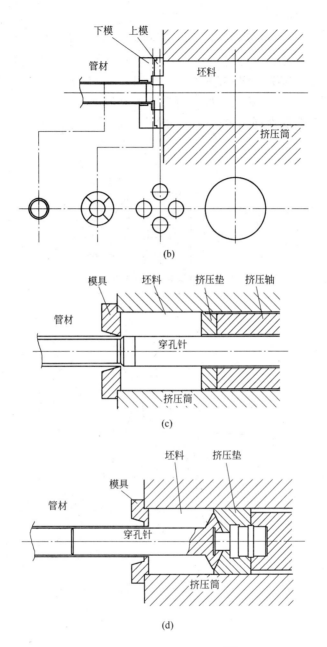

图 1-5　空心型材挤压方法[12]

（a）舌型模；（b）分流组合模；（c）固定穿孔针挤压；（d）浮动穿孔针挤压

1.2.2　玻璃润滑挤压

玻璃润滑挤压主要用于钢铁材料的棒、管等简单型材的成型。其主要特征是变形金属与工模具间隔有一层处于高黏性状态的熔融玻璃,从而减小摩擦,保持良好的润滑状态,并且在坯料和工模具之间起到隔热的作用,这使得钛合金、钼金属等高熔点材料能够进行挤压成型,如图1-6所示。根据玻璃润滑剂种类的不同,其使用温度范围为600~1200℃。并且同石墨、MoS_2等相比,玻璃润滑剂在800~1200℃范围内润滑效果最好,更适合在高温下挤压,如图1-7所示。其主要缺点是挤压后脱润滑剂比较烦琐,同时玻璃挤压工艺通常较为复杂,对生产率影响较大。

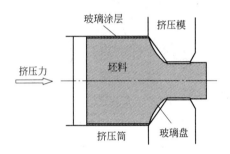

图 1-6　玻璃润滑挤压[1]

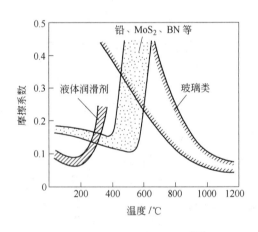

图 1-7　润滑剂的使用温度[12]

1.2.3　静液挤压

静液挤压的首要特征是金属坯料与挤压筒间被高压介质分隔开,施加在挤压轴上的挤压力通过高压介质传递到坯料上而实现挤压,如图1-8所示。由于静液挤压时坯料和介质之间几乎没有摩擦存在,故接近于理想润滑状态,金属流动非常均匀,产品质量好。其次由于坯料周围存在较高的静水压力,有利于提高金属坯料的变形能力。同时由于是理想的润滑状态,没有摩擦生热,可进行高速挤压。基于上述特征，静液挤压主要用于包覆材料、超导材料、难加工材料、精密型材成型等方面。但是由于使用了高压介质，需要进行坯料预加工、介质充填与排放等操作，所以挤压成材率低，循环周期长，使其应用受到了一定的限制。

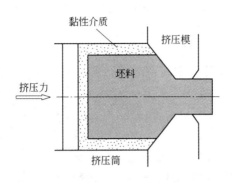

图 1-8　静液挤压[1]

1.2.4　特殊挤压

上述是目前工业生产中应用比较广的几种挤压方法。随着时代的发展，研究人员还研究开发了许多新的挤压技术方法。如为了实现挤压生产的连续化，产生了 Conform 连续挤压法，即利用变形金属与工具之间的摩擦力而实现的挤压方法。适用于铝包钢电线复合材料、小断面尺寸铝及铝合金线材、管材及型材的成型。将正挤压和反挤压特点结合起来，生产断面形状为圆形、方形、齿形、花瓣形、杯杆类挤压件的复合挤压法。此外还有半固态挤压法、侧向挤压法、多坯料挤压法、等温挤压法等。

1.2.5　挤压方法的特点

挤压加工的特点，主要表现在挤压过程的应力-应变状态、金属流动行为、产品综合质量、生成灵活性与多样性、生产效率与成本方面。其主要优点为[1,13]：

（1）提高了金属的变形能力。金属在挤压变形区中处于强烈的三向压应力状态，可充分发挥其塑性，因此挤压可用于加工一些用轧制、锻造等其他方法加工困难甚至无法加工的低塑性金属材料，如镁合金、钛合金的加工成型。

（2）产品尺寸精度、表面质量高。如可以生产壁厚 0.3 ~ 0.5mm，尺寸精度达 ±（0.05 ~ 0.1）mm 的超小型高精密空心型材。

（3）产品范围广。挤压加工不但可生产断面形状简单的管、棒、线材，还可以生产断面形状非常复杂，以及变断面的管材和型材，而此类复杂断面的产品采用轧制法难以甚至无法加工。如挤压接合金属粉末、金属碎屑、异种金属；使用分流组合模成型薄壁空心非对称型材制品。

（4）生产灵活性大。在同一台设备上只需更换模具就可以生产形状、尺寸不同的产品，工序少，所需工长面积小。

虽然挤压加工具有上述优点，但同时也存在以下缺点[1,13]：

（1）金属流动规律复杂。挤压过程中，金属的流动规律与挤压产品的组织、性能、表面质量、外形尺寸与形状精确度，以及工具设计原则等有密切关系。当采用不同的挤压方法、不同挤压工艺参数、挤压特性不同的金属坯料时，金属流动状态也会不同，甚至存在很大差异。

（2）挤压工模具损耗大。由于挤压处于近似密闭状态，坯料和工模具在高温高压下，处于长时间的接触状态，并且润滑条件差，如分流组合模还必须在无润滑条件下进行挤压，因此模具的使用寿命较低。

（3）产品组织性能不均。挤压时温度的变化和金属流动的不均匀性，使得挤压制品在纵向上存在组织性能不均匀现象。

1.3　挤压产品的应用

1.3.1　铝及铝合金

挤压加工多应用于低熔点的有色金属合金，最具有代表性的是铝及铝合金，根据力学性能，通常分为低强度、中等强度和高强度铝合金，其挤压的难易程度可用可挤压性指数来表示，三种强度铝合金的可挤压性和变形抗力，见表1-1[14]。

表 1-1　铝合金可挤压性和变形抗力对比[14]

种　类	铝合金名称	熔点范围/℃	可挤压指数	变形抗力/N·mm^{-2}
低强度	1100	643～657	150	24(400℃)
	3003	634～654	100	29(430℃)
	6063	615～655	100	28(430℃)
中等强度	2011	541～638	30	40(420℃)
	5052	607～649	60	45(470℃)
	6061	582～652	70	37(510℃)
	7003	620～650	70	42(500℃)
	7N01	620～650	60	44(500℃)
高强度	2014	507～638	20	58(430℃)
	2024	502～638	15	76(430℃)
	5083	574～638	25	56(460℃)
	7075	477～635	10	82(400℃)

20 世纪 60 年代以来，铝合金挤压产品的增长速度平均每年高达 9.5%，不仅超过了铝合金的其他加工材料的增长速度（为轧制材的两倍），而且大大超过了钢铁材料的增长速度。据不完全统计，目前全世界铝合金挤压材的产量每年高达 3000 万吨以上[15]。广泛应用于建筑、交通运输、电子材料等领域，其比例见表 1-2[16]。

表 1-2　铝型材在各领域的应用比例[16]　　　　　　　　（%）

行　业	日　本	北　美	中　国
建筑结构	62.5	44.5	75.0
交通运输	15.3	28.2	6.3
耐用消费品	3.1	9.9	3.9
电子设备	2.8	6.8	3.5
机械设备	9.3	8.2	4.7
其　他	7.0	2.4	7.6

由表 1-2 可知，当前我国与北美和日本相比，铝合金型材还主要集中在建筑结构用材料上，用于交通运输领域的型材产品较少，随着铝挤压材加工技术的发展，工业交通用铝挤压材应用越来越广，并且铝挤压材正向大型化、扁宽化、整体化方向发展，大型材的比例日益增加，已达整个型材产量的 10% 左右。其中挤压型材的最大宽度可达 2500mm，最大断面积可达 1500cm²，最大长度可达 25～30m，最重每根可达 2t。薄壁宽型材的宽厚比可达 150～300。同时铝合金挤压材的产量、品种和规格也在不断扩大，当前铝型材品种已达 5 万多种。其中大型材有 1000 多种，包括各种复杂外形的型材、逐渐变断面型材和阶段变断面型材、大型整体带筋壁板及异形空心型材[17]。

随着我国经济的快速发展，城市交通拥堵日益严重，解决城市交通拥堵的关键是采用地下铁道、城市铁道等交通工具，同时为了尽量限制此类工具的能源消耗、废气污染与噪声，必须要使交通工具自身轻量化，因此我国对铝合金产品车辆的需求增加较大。从 2004 年中国开始着手建设高铁，到 2006 年开始小批量生产铝合金车辆，2008 年京津城际高铁开通，驰骋着中国拥有全部自主知识产权的铝合金列车。其中每辆铝合金列车需要铝材约 10t，其中挤压型材约占 80%，到目前为止所有车辆总共约用铝材 370kt。并且在这期间还制造了约 31000 辆地铁、城轨等城市轨道车辆，其中铝材约占 30%，总共需用铝材 103kt。并且随着我国大飞机的研发制造，铝型材在航空航天上应用的种类和数量也将迅速增加。

1.3.2　镁及镁合金

镁及镁合金是实用中最轻的金属结构材料，被视为最有发展前景的金属材料。由于其室温塑性较差，通常在 225℃ 以上才有良好的塑性，因此通常采用热挤压或温挤压成型镁合金的棒、管、型材。近年来镁合金挤压技术迅速发展，挤压品种规格、产量和用途不断扩大。常用的变形镁合金包括 Mg-Li 系合金、Mg-Mn 系合金（MB1、MB8 等）、Mg-Al-Zn-Mn 系合金（AZ31、AZ61、AZ63、AZ80 等）、Mg-Zn-Zr 系合金（ZK60、ZK61 等）。作为结构材料，用于航空航天、交通运输、武器装备等轻量化与防噪减震等领域。由于其还具有轻、薄、美观、触摸质感舒适以及减震、抗电磁干扰、散热好等优点，被广泛应用于 3C 产品领域[1,12]。

1.3.3　铜及铜合金

铜及铜合金的强度较低，价格较贵，很少用作结构材料。但是由于其具有良好的导电性、导热性、耐腐蚀性、塑性、易切削加工性等，而被广泛用于电器、建筑五金、阀体、导体以及用作热交换材料。

黄铜（Cu-Zn 系合金），是目前应用最广的典型变形铜合金。由于具有良好的力学性能和加工性能，主要应用在建筑五金领域，如门、窗、扶手、五金装饰、建筑用水道管、煤气管等；交通运输领域，如电动车辆、船舶、航天、汽车等零部件；工业用阀件、管件，如各种泵阀、垫片、阀芯等；热交换器领域，如化工冷凝管、舰船热交换器用管、海水淡化管等。

青铜（Cu-Sn 系合金），是人类历史上最悠久的铜合金。其耐腐蚀性与耐磨性优良，切削性能与焊接性能良好，广泛应用于汽车、机械制造等两用的各种承受摩擦的零部件。

工业纯铜主要分为含氧铜（T1、T2、T3）、磷脱氧铜（TP1、TP2）、无氧铜（TU1、TU2）三类。其中含氧铜具有优良的导电性，主要用于导电材料和装饰材料。磷脱氧铜由于含氧量低，不容易产生氢脆现象，同时加工性、焊接性、耐腐蚀性好，用于热交换器材料、配管、装饰用材料等方面。无氧铜具有优良的加工性、耐腐蚀性、导电性，用于真空管等电子材料、低温超导材料等方面[1,12]。

1.3.4　钛及钛合金

钛及钛合金因具有强度高、耐腐蚀性好、耐热性高等优点，是石油化工、船舶、能源、海洋工程、航空航天等领域的重要结构材料。在某些条件下，钛合金是唯一能用来制造工作性良好结构件的材料。

钛合金弹性模量低，回弹严重，成型困难，故其挤压变形过程比铝合金、铜合金等其他有色金属更为复杂。因此目前钛合金件主要应用在特殊领域，如制造航空发动机压气机盘和叶片、空气收集器的零件、壳体件和紧固件、燃烧室外壳、排气管、飞机的蒙皮等。

在化学和石油工业中，钛合金可以在 130 余种腐蚀介质中工作。在潮湿的氯水溶液和酸溶液中，钛是唯一的抗腐蚀材料，所以可用来制造在这种环境中工作的热交换器。

钛无毒、质轻、强度高且具有优良的生物相容性，可用作植入人体的植入物，被广泛应用于医用金属材料和制造医疗器械[1,12]。

1.3.5 钢铁材料

钢铁的挤压材料主要有工业纯铁、碳素钢、合金钢。挤压种类主要是棒材、管材和较为简单的断面型材等。

挤压零件一般采用冷挤压或温挤压成型。热挤压一般用来成型高强度、高温合金钢。钢材热挤压所需都是大型或超大型挤压设备，如为了生产 60 万千瓦以上超临界、超超临界火力发电设备必不可少的耐高温高压大口径厚壁特种钢管，我国开发了 36000 吨黑色垂直挤压大口径厚壁无缝钢管设备[1,12]。

1.3.6 复合材料

由于对于结构材料与机械部件性能的要求越来越高，采用挤压法将异种金属复合在一起，以获得新性能或新功能复合材料的方法获得迅速发展。常用的挤压层复合材料有低温超导线材，通常为铜基体中复合有数百根至数千根具有超导性能的纤维，复合电车导线、铝包钢、铜包铝、钛包钢等导电材料，以及一些特殊用途的耐磨耐蚀材料[1,12]。

1.3.7 特殊材料

随着时代的进步和高新技术的发展，新材料的需求量越来越大。例如燃气轮机涡轮盘、超高温热交换器用 Ni 基耐热合金、磁头、磁铁用磁性材料等，此外还有某些用于原子反应堆结构件中的锆、铍、铌、铪等特殊合金也采用挤压法进行成型。

1.4 挤压模具结构特点

挤压模具是金属产生挤压变形到产品和传递挤压力的关键部件，是使金属最后完成塑性变形获得所需形状的工具，是保证产品形状、尺寸和精度的基本工具[18]。合理的模具结构还可在一定程度上控制产品内部组织和力学性能，并大大提高模具的使用寿命，降低生产成本。

1.4.1 实心型材挤压模具

实心型材模具设计过程中，模孔的配置、工作带结构尺寸的确定是保证型材断面各个部位金属流速均匀的关键[19]。模孔配置上，大多实心型材主要采用单孔或多孔模进行挤压，通常按型材断面的对称性配置模孔，对于横断面和坐标轴相对称或近似对称的型材，合理的模孔配置是型材断面的重心和模孔中心相重合。当型材横断面尺寸对于一个坐标轴相对称时，如果其型材厚度相等或相差不大，模孔的配置应能使型材的对称轴通过模具的一个坐标轴，从而使型材断面的几何重心位于另一个坐标轴上。对于非对称型材和壁厚不等的型材，为了保证型材出口的速度相等，应尽量使难于流动的壁厚较薄的部位靠近模具中心，同时将型材的几何重心相对于模具中心做一定距离的移动，如图1-9(a)、(b)所示[19]。

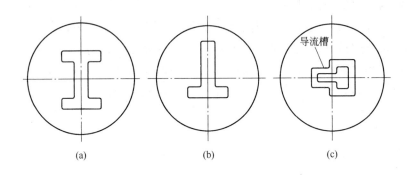

图 1-9　模孔配置方案[19]
(a) 轴对称模孔；(b) 关于一个坐标轴对称模孔；(c) 非对称模孔

对于断面壁厚相差较大的型材，为了平衡金属流速，可在模具上设置一定深度的和型材形状类似的导流槽，即在模具前面放置一个型腔，其形状应为与型材外形相似的异型或与型材最大外形尺寸相当的矩形，铸锭先通过导流槽产生预变形，金属形成与型材相似的坯料，然后再进行第二次变形，挤压出各种断面的型材[20,21]。采用导流槽不仅可增大坯料与型材的几何相似性，而且便于控制金属的流动，使壁薄、形状复杂、难度大的型材易于成型，从而大大提高成品率和模具寿命，如图1-9(c)所示。

对于断面形状复杂、壁厚相差较大的非对称实心型材，采用不等长工作带及导流槽的平模挤压很难保证金属流速均匀性时，可用分流式导流模来平衡金属流速。例如大型散热器型材，壁厚非常薄，散热齿距小而悬臂大，可采用分流模式的导流模预先平衡金属流速，即坯料首先经过分流孔进行分流后再挤入模孔，从而确保挤出型材表面金属流动均匀，如图1-10所示。

工作带作为模具的主要结构参数，是模具中垂直于模具表面并用以保证挤压产品形状、尺寸和表面质量的区段。并且工作带长度的合理配置是获得高表面质量、高尺寸精度及提高模具使用寿命的关键。工作带过短，产品尺寸难以稳定，易产生波纹、压痕、压伤等废品，同时模具易磨损，会大大降低模具使用寿命；

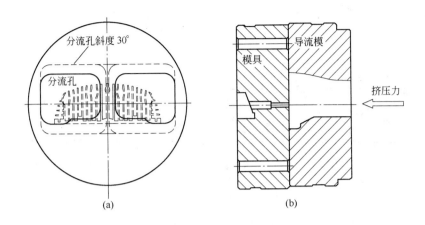

图 1-10 散热器型材挤压模具

（a）导流模分流孔外形；（b）导流模和模具组装图

工作带过长，会增大与金属的摩擦作用，增大挤压力，易于黏结金属，使产品的表面出现划伤、毛刺、麻面等缺陷。

1.4.2 空心型材挤压模具

空心型材挤压分流模工作时采用实心铸锭，在挤压力的作用下，金属经过分流孔，被分成几股汇聚在焊合室，在高温、高压、高真空的条件下被焊合成围绕模芯的环形整体，通过模芯与模子所形成的间隙流出，形成符合一定尺寸要求的管材或异形断面空心材[21]，分流模挤压原理如图 1-11 所示。

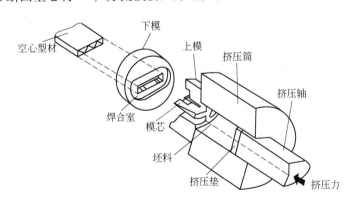

图 1-11 分流模挤压原理

目前分流模挤压已广泛应用于不带独立穿孔系统的挤压机上生产各种规格和形状的管材和复杂断面的空心型材，其主要优点为[21]：

（1）可用来挤压单腔、双腔和多腔或更为复杂的空心型材。如图 1-12 所示的多型腔的高速列车的地板型材，由于其具有壁薄、多腔和断面形状复杂等特点，用其他的挤压方法很难成型。

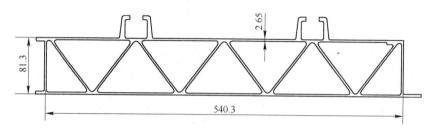

图 1-12　高速列车地板型材[22]

（2）对于悬臂较大半空芯型材或断面壁厚相对悬殊的型材，如果采用平模，仅靠不等长工作带结合促流角或阻碍角，很难平衡金属流速。此时可通过分流模预先导流，从而达到平衡金属流速的作用，减少扭拧和弯曲等缺陷。

（3）在挤压生产时操作简单，残料较舌型模短，并且分离残料比舌型模容易，生产效率高，产品成品率高。

（4）可实现多根铸锭的连续挤压，按需要截取产品长度。

（5）可在小吨位挤压机上实现外形较大的产品的挤压。

分流模的主要缺点是生产的型材存在焊缝。当生产过程中模具表面涂油或铸锭表面不干净时，产品焊缝中会存在夹渣而影响焊合质量；挤压温度过低或模具设计不合理，也将使得焊合质量降低。另外，分流模挤压过程中变形阻力大，挤压力比平模高 30% ~ 40%，因此目前只限于生产纯铝、铝-锰系、铝-镁-硅等软铝合金。

分流模主要由上模、下模、定位销、连接螺钉四部分组成。其中上模由分流孔、分流桥和模芯组成。分流孔是金属通往焊合室及型孔的通道，分流桥用来支承模芯并劈开金属坯料，模芯用来形成空心型材内腔的形状和尺寸。下模由焊合室、模孔型腔、工作带组成。焊合室把从分流孔流出来的金属焊合成以模芯为中心的整体坯料，模孔型腔的工作带部分用来辅助分流孔调节型材的外部尺寸和形状。

分流模主要结构设计参数有挤压比、分流比、分流孔形状、分流孔截面尺寸、分流孔数目和分布、分流桥结构、模芯结构、焊合室高度和形状、工作带的长度等。

（1）分流比。分流比（k）是各分流孔的断面积之和（$\Sigma F_{分}$）与型材断面积 $F_{型}$ 之比：

$$k = \frac{\Sigma F_{分}}{F_{型}} \tag{1-1}$$

k 值的大小直接影响挤压阻力大小、产品的成型和焊合质量。k 值越小，挤压变形阻力越大，故在保证模具强度的前提下，k 的值应尽可能取大。一般对于管材 $k = 5 \sim 10$；空心型材 $k = 10 \sim 30$。

（2）分流孔。分流孔作为把金属劈开的孔腔，其形状、截面尺寸、数目和分布都将影响挤压产品的质量、挤压力及模具寿命。分流孔的截面形状一般有圆形、腰子形、矩形、扇形和梅花形及异形等，如图 1-13 所示[19]。

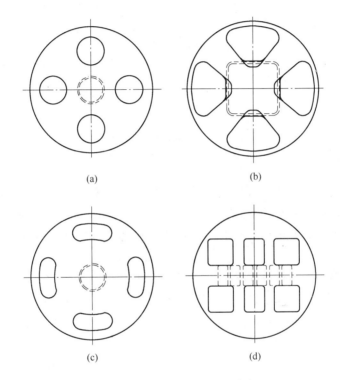

(a)　　　　　　　　　　　(b)

(c)　　　　　　　　　　　(d)

图 1-13　分流孔结构示意图[19]

（a）圆形分流孔；（b）扇形分流孔；（c）腰子形分流孔；（d）矩形分流孔

对于复杂断面型材多采用扇形和异形；简单断面型材多取圆形、腰子形和扇形；矩形管材多采用扇形和矩形；而挤压多根空心型材则多采用梅花形。分流孔的数目有二孔、三孔、四孔及多孔，对于外形尺寸小，断面形状较对称的空心型材，可采用二孔或三孔，外形尺寸较大，断面复杂的空心型材取四孔或多孔，但通常在保证金属流动均匀的情况下，分流孔数目应尽量少，分流孔截面积应尽量增大，以减少焊缝和挤压力。分流孔的布置应尽量与产品保持几何相似性，各分流孔的中心圆径应大致等于 $(0.7 \sim 0.9)D_{筒}$。

（3）分流桥。分流桥截面形状主要有矩形、矩形倒角和水滴形三种，如图 1-14 所示。由于后两种截面形状有利于金属的流动与焊合，应用较多。分流桥的尺寸设计与分流孔的结构与尺寸设计相关联，当分流孔的结构尺寸确定之后，分流桥的宽度也就随之确定了。分流桥的高度直接影响模具寿命、挤压力及焊缝质量，故在保证焊缝质量的前提下，分流桥的高度应尽量小，以降低挤压力、节省材料。

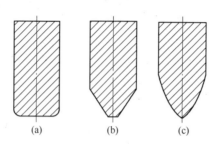

图 1-14　分流桥截面形状[19]

（a）矩形；（b）矩形倒角；（c）水滴形

（4）模芯。模芯的定径区决定着产品内腔形状和尺寸。模芯结构形式分为锥式、锥台式和凸台式三种类型。当模芯宽度小于 10mm 时，多采用锥式；模芯宽度在 10～20mm 之间时，多采用锥台式；模芯宽度大于 20mm 时，多采用凸台式。

（5）焊合室。焊合室是金属汇聚并焊合的地方，一般设计在下模，焊合室的断面形状取决于分流孔的形状、数目及分布，通常有圆形和蝶形两种；增加焊合室的高度有利于金属的焊合，但高度增加到一定的值时会影响模芯的稳定性。一般根据经验，焊合室的高度和挤压筒直径有以下关系：当挤压筒直径为 $\phi(115～130)$mm 时，焊合室高度 $h=10～15$mm；筒径为 $\phi(170～200)$mm 时，$h=20～25$mm；筒径为 $\phi(220～280)$mm 时，$h=30$mm；筒径大于 $\phi300$mm 时，$h=40$mm。

1.5 挤压成型理论的研究方法

尽管 1797 年被认为是挤压加工技术的开始，但对挤压理论和金属流动规律的研究却相对较晚。在早期，为了选择合理的挤压设备和进行挤压模具设计，人们利用理论解析法对挤压过程中的挤压力进行了估算，在 1913 年，H. C. 库尔纳科夫首先对挤压时金属流动和金属压力进行了研究，但直到 1931 年，E. 西贝尔才根据 C. 芬克提出的轧制变形功的解析法，首次建立了计算挤压力的简略公式[23]：

$$p = K_{\mathrm{f}}\ln(D/d)^2 = K_{\mathrm{f}}\ln R \qquad (1-2)$$

式中　K_f——压缩变形抗力；

　　　R——挤压比。

1984 年，R. 希尔运用滑移场理论解决了平面应变的挤压问题。20 世纪 50 年代中期，E. G. 汤姆逊等研发了一种将金属流动实验测量和应力计算结合起来求解挤压时平面应变或轴对称问题的视塑性法。到 70 年代，塞拉德、谢泼德、小林等人先后运用限差分法和有限元法研究了挤压工艺参数对产品质量的影响。近年来，计算机技术的发展和商业有限元软件的不断完善，促进了人们通过计算机实现对挤压工艺的过程模拟仿真，为预测挤压成型过程中金属流动规律、温度场、应力场、应变场、速度场等分布提供了理论参考依据，从而进一步完善了人们对挤压规律的认识。

1.5.1　理论解析法

理论解析法主要有以下几种：

（1）主应力法。主应力法的实质是将应力平衡微分方程和屈服方程联立求解。通常用来分析求解可简化为平面及轴对称变形的塑性成型问题。通过求解接触面上应力分布，进而求出变形力和变形功。在挤压的应用过程中，只能得到近似的挤压力，不能求出变形区的参数及挤压过程的温度场及速度场，并且所得挤压力的精确度取决于假设条件。通常根据主应力法可获得棒材单位挤压力的理论计算公式；获得圆管的分流模挤压过程中挤压力的工程简化计算方法[24]；以球坐标应力平衡方程为基础，依据体应力和体应变下的塑性条件，在最大摩擦定律和库仑摩擦定律的基础上，通过计算塑性变形区接触表面的摩擦应力的极限值，获得单位挤压变形力计算公式[25]。

（2）滑移线法。滑移线法是一种图形绘制与数值计算相结合的方法，避开非线性的塑性本构关系，利用塑性变形过程中的特点，根据平面应变问题滑移线场的性质绘出滑移线场，然后再由滑移线的性质找出应力分布规律。以汉基（Henchey）应力方程为基础，以体积不变条件和最大剪应力学说构造滑移线，从而得到一个速度许可场，可计算工模具局部应力与变形，求出变形金属在平面各点的应力状态及金属流动的趋势。该法适用于求解理想刚塑性材料的平面变形问题。因此目前还只停留平面或轴对称变形的计算方面，尚不能解决三维变形问题。如根据滑移线解法，可获得锥形凹模挤压棒材时金属流动行为、应力场、应变场的分布情况[26]。

（3）初等能量法。初等能量法是利用塑性变形过程中的功平衡原理来计算变形力的一种近似方法。根据实验直接观察到的现象，以外力功等于变形能和摩擦能列出方程来求解挤压力，但该法只适用于简单的均匀变形问题。如采用黏塑性流动模型描述材料的热挤压变形行为，从球坐标黏性流体运动微分方程组的一般形式出发，确定轴对称挤压变形区内的静水压力和各应力分量的一般方程，然后应用能量法导出圆棒热挤压力的计算公式[27]。

（4）上限法。上限法从变形体的速度边界条件出发，在塑变区选取较大单元，根据极值原理，求出塑性变形能为极值时满足连续条件和体积不变条件时的动可容速度场，从而计算出应力能参数，算出的极限载荷是实际极限载荷的上限，其变形速度场的合理性直接关系到上限解的精度。通常该法只能求出挤压力的上限和大致的变形情况，不能求出应力应变的分布规律。采用上限法可分析管材挤压过程中挤压力的变化情况，同时可优化模具结构参数；通过上线法还可获得带筋薄壁圆管分流模挤压过程中，模具结构尺寸、挤压比及挤压筒内余料长度对挤压变形过程的影响，进而为优化设计分流模结构参数提供理论参考[28]。

1.5.2　模拟实验法

模拟实验法主要有以下几种：

（1）坐标网格法。坐标网格法是研究金属挤压时塑性流动规律最常用的一种实验方法。通常用变形抗力较小的铅来进行物理模拟挤压实验，通过测定挤压变形前后坐标网格的变化量，研究挤压金属的塑性变形流动规律。一般适用于挤压比较小的挤压过程，可把挤压过程中金属的变形区、剧烈滑移区、死区、后端难变形区等流动规律直观地显现出来，但当金属的挤压比较大时，由于网格畸变严重，难以确保尺寸测定精度。如通过网格法研究多坯料挤压管材过程中金属的流动规律[29]；模具出口附近管材的流速的变化；反挤压棒材过程中模具锥角对金属的塑性流动的影响[30]；C 型材挤压加工过程的金属塑性流动规律[31]。

（2）视塑性法。视塑性法是把实际测量和理论分析结合起来的一种数值方法，先将试件的纵截面刻蚀出网格，在塑性变形后测出试件上各节点的位移。根据这些离散的测量数据，用数值分析方法算出整个试件的变形和应力分布。得到包括实际边界摩擦条件在内的完全解。一般用于分析稳定流动、平面应变和轴对称等问题，由于实际测量的工作量较大，很难用于分析非稳态的挤压流动过程。

（3）光塑性法。光塑性法出现于 20 世纪 50 年代初，是实验应力分析方法的一种，利用偏振光通过透明的弹塑性变形模型产生双折射效应来研究物体的塑性变形。可分为动态光塑性法和静态光塑性法。一般用来研究材料在变形条件下的应力应变分布及塑性流动行为。光塑性法的模型应满足几何、载荷和边界条件的相似性。在塑性变形过程中，两种材料的泊松比必须相等，故其发展在很大程度上受模型材料、实验技术和加载力学性等条件的限制。通常用于一维、二维变形问题及变形量相对较小的三维问题。

（4）云纹法。云纹法又称莫尔条法，是把栅片牢固地黏贴在试件（模型或构件）表面，当试件受力变形时，栅片也随之变形。将不变形的栅板叠加在栅片上，栅板和栅片上的栅线便因几何干涉而产生条纹（云纹）。然后测定这类云纹并对其进行分析，从而确定试件的位移场或应变场。密栅云纹法实验和塑性理论相结合，可获得简单轴对称断面型材挤压过程的金属流动情况，如根据铝合金棒材子午面上沿轴向和垂直于轴向的云纹图像解析可得到铝棒材热挤压时子午面上应力、应变的分布情况[32]。

1.5.3 数值模拟法

1.5.3.1 有限元法

有限元法（Finite Element Analysis，FEA）基本原理是在函数的定义域内规定一定数量的有限节点，将被研究对象整体离散为有限单元集合，单元内部用连续函数描述，通过建立和集成单元方程，组建整体刚度矩阵，通过数值方法求解整体方程。

在 20 世纪 70 年代初期，弹塑性有限元法就已用于求解锻压、挤压、拉拔和轧制等各种金属压力加工过程。开始时主要是对二维结构问题进行数值计算，后来它的应用扩展到能建立变分公式的广泛领域，成功地用于分析许多不同形式的边值问题。早期的研究工作中，用此法对小塑性应变问题进行模拟，R. Hill 开创了大变形的理论基础研究，S. Kobayashi 和 C. H. Lee 于 20 世纪 70 年代提出了基于变分原理的刚塑性有限元方法。刚塑性有限元法较适合分析对应变速率不敏感的体积成型问题，而对变形速度有较大敏感性的材料加工过程的模拟，选用黏塑性本构关系比较合适，故相应地发展了刚黏塑性有限元法[33]。

有限元法功能强、精度高、解决问题的范围广，可以用不同形状、不同大小和不同类型的单元来描述任意形状的变形体，适应任意速度边界条件，可以方便合理地处理模具形状、工件与模具之间的摩擦、材料硬化效应、温度等各种工艺参数对成型过程的影响，能够模拟整个成型过程中的金属流动规律，获得成型过程中任意时刻的力学信息和流动信息，如应力场、应变场、位移场、速度场、温度场，并可预测缺陷的生成与扩展等。因此，用有限元法模拟塑性成型过程已成为塑性成型理论研究的中心问题[34]。

随着时代的发展，现代塑性加工技术与传统成型工艺相比，对毛坯和模具设计以及材料塑性流动控制的要求越来越高。采用传统的解析方法与依靠工程类比和模具设计师个人经验的试错方法很难满足制品性能要求。引入以计算机为工具的数值模拟分析手段已经成为人们的共识，尤其是发达国家，对其高度重视。目前国外已推出不少塑性成型模拟软件，并在国内有大量的用户，如美国的 DE-FORM、ABAQUS、MARC，俄罗斯的 QFORM，法国的 FORGE 等。

目前国外一些大公司已经将挤压成型过程仿真模拟作为模具设计及制造流程中必经的一个环节。以前模具调试和挤压生产中出现缺陷时，只能采用工艺试验和试错法摸索解决方案，现在人们会先借助于数值仿真技术探索改进方案，可大大地节省人力、物力和时间的消耗[35,36]。因此以数值模拟取代部分试验，已成为研究复杂构件精确成型过程、制定合理模具结构、优化工艺、奠定成型理论的最有效手段。

1.5.3.2　有限体积法

有限体积法（Finite Volume Method）也称为控制容积积分法，是将计算区域划分为一系列不重复的控制体积，使每个网格点周围有一个控制体积，将待解的微分方程对每一个控制体积积分，得出离散方程，其积分方程如式（1-3）[37]所示：

$$\int_V \frac{\partial(\rho\varphi)}{\partial t}\mathrm{d}V + \int_V \mathrm{div}(\rho\varphi u)\,\mathrm{d}V = \int_V \mathrm{div}(\varGamma \cdot \mathrm{grad}\varphi)\,\mathrm{d}V + \int_V S_\varphi \mathrm{d}V \tag{1-3}$$

式中，φ 为特征变量；$\varGamma$ 为扩散系数；V 为控制体积；u 为速度分量；t 为时间；ρ 为流体密度；S 为边界条件。

有限体积法的网格划分基于欧拉网格技术，计算网络是一个固定的参考系，有限体积网格在模拟过程中固定不变，材料在有限体积网络内流动，在恒定的体积内从一个单元流动到另一个单元，并且在求解过程中同时满足物质在有限体积内的质量守恒、动量守恒、能量守恒、热平衡方程、状态方程和本构关系。有限体积法在计算过程中不需要进行网格重划，相比有限元法其计算时间短，近年才开始在挤压仿真中进行应用[38~41]。

在挤压变形过程中，挤压金属的塑性变形流动规律研究，一直是人们长期所关心的一个重要课题。上述的无论是理论解析法还是实验模拟方法，由于受模型材料、实验技术和加载条件的限制，所研究对象（模型）结构较为简单，并且边界条件、变形条件假设与高温挤压变形过程存在较大差异，很难研究三维大变形问题。但随着数值计算方法及计算机硬件的发展，以数值模拟取代部分实验，揭示挤压成型过程中金属流动行为、应力-应变场、温度场及速度场的分布情况，预测型材成型质量，减少试模次数，已成为研究复杂挤压制品精确成型过程、制定合理模具结构、优化工艺、奠定成型理论的最有效手段。

1.6　挤压成型技术发展趋势

经过 200 多年的发展，金属挤压技术、工艺和装备均取得了巨大的进步，挤压产品已广泛应用于航空航天、舰船、交通运输、能源、冶金化工以及国防军工等非常广泛的领域。但与锻造、轧制等其他传统塑性加工方法一样，从基础理论研究、工艺技术开发到产品的高性能化与高质量化、生产的高效率化和低成本化，金属挤压理论与技术仍处于不断地发展之中。

1.6.1 挤压基础理论发展趋势

（1）金属流动变形行为[1,5]。研究和把握金属在挤压过程中的流动变形行为，是正确设计模具，精确控制产品的组织性能、形状尺寸，预防缺陷的产生，提高挤压成材率和生产效率的基础。但由于挤压时金属流动在近似于全密闭的空间（挤压筒、分流模）内进行，且该密闭空间常常伴有高温、高压、高摩擦等严酷、复杂的边界条件，精确把握真实的金属流动行为，其难度非常大，也一直是研究人员坚持不懈的努力方向。数值模拟技术的快速发展和计算速度的迅速提高，促进了模拟分析在挤压过程金属流动变形行为研究中的应用，在解决金属流动变形可视化、分析缺陷形成原因、指导模具设计等方面发挥了非常重要的作用，数值模拟精度主要取决于建模的正确性和边界条件的精确性，而正确建模和精确地确定边界条件，往往需要以足够的实验研究为基础。因此，模拟与实验相结合，是研究挤压过程金属流动变形最有效、最可靠的方法。

（2）焊合过程与焊缝质量[1,5]。分流模挤压是铝合金管材和空心型材的最主要的加工方式，对于精密和复杂断面空心型材，甚至是唯一可行的加工方式。精密复杂断面空心型材的焊合是分流模挤压过程中最复杂的过程。焊合过程和焊缝质量是影响挤压产品质量和生产效率的关键因素，分析焊合过程金属流动特点，预测焊缝的形状与位置，为合理的模具设计提供重要判据，是近年来金属挤压领域广受关注的研究内容之一。

（3）组织性能演化与精确控制[1,5]。迄今为止，对于挤压产品组织性能不均匀现象的研究，主要是基于挤压流动变形不均匀的特点来进行的。实际上，由于变形热、坯料和工模具之间温差等原因引起的挤压过程中温度的变化，是导致产品沿断面和长度方向组织性能不均匀的另一个重要因素。研究挤压过程中的变形、温度变化特点与组织性能演化规律，建立过程模型，是实现组织性能精确控制的基础。通过模具结构与尺寸优化设计、工艺方案与参数综合优化，改善金属流动均匀性，是改善挤压产品组织性能均匀性，预防和抑制产品缺陷的重要措施之一。等温挤压通过模具冷却、坯料梯温加热或梯温冷却、挤压速度控制等措施，控制挤压产品流出模孔时的温度基本不变，获得沿长度方向组织性能均匀的挤压产品，近年来受到广泛重视，是未来挤压技术的重要发展方向之一。

1.6.2　挤压模具设计发展趋势

模具的设计、制造和使用，是挤压生产的核心关键技术。然而，传统的模具设计制造方法采用典型的"试错法"，其特点可以概括为：经验设计→制造→试模（试挤压）→修模。根据设计者的知识水平与工作经验不同，修模的程度与"试模→修模"次数存在很大差别。给模具制造成本、挤压生产效率、挤压产品一致性带来一系列问题。

近年来，随着对挤压产品的质量和挤压生产效率要求的不断提高，模具数字化设计与制造技术受到高度重视。通过综合利用三维建模、数值计算、过程仿真（虚拟挤压）、数控加工等技术，可实现模具结构、尺寸的优化设计和无纸化精确制造，即不需通过试模、修模等过程（"零试模"），直接制造出能生产合格型材产品的模具。发展"零试模"技术，有赖于以下三方面技术的进步和完善。

（1）数字化设计。数字化设计的优点主要包括两个方面：一是可采用三维设计软件进行可视化建模，直观、准确地分析模具结构尺寸、金属流动以及产品质量之间的关系，校验模具强度条件，最终确定合理的模具结构与尺寸；二是可将设计结果直接转化为 CAM/CAE 所需的数字信息。

（2）数字化制造。数字化制造直接应用数字化三维建模与设计结果，编制加工程序，采用基于 CAM/CAE 的数控加工系统，自动实现模具的"无纸化"、完全遵照设计的精确制造[42]。

（3）虚拟挤压技术。虚拟挤压技术基于过程模型和系统仿真，模拟挤压生产过程，获得工艺参数和边界条件的非线形、时变性特点对金属流动和产品质量的影响，进而优化模具设计。

1.6.3　挤压新技术与新工艺开发

挤压新技术与新工艺主要有以下几种：

（1）高性能难加工材料挤压[1,5]。型材断面的大型复杂化与小型精密化，是1980 年以来挤压向高技术含量、产品向高性能化和高附加值化发展的两个主要特点。大型复杂化是结构整体化、高性能化、轻量化的重要措施；小型精密化则是仪器仪表多功能、高性能的重要需求。在今后较长时期内，大型复杂化与小型精密化仍然是挤压加工技术的重要发展方向。

除此之外，航空航天、能源、高速交通、国防军工等高新技术的快速发展，将对高强度铝合金（如 7050、7075）、各种高温合金、高性能粉末冶金材料、特殊结构层状（包覆材料）复合材料等难加工材料的挤压加工提出更大的需要和更高的要求。

（2）等温挤压[1,5]。挤压根据挤压轴运动方向与产品基础方向之间的相对关系，分为正挤压、反挤压、正反复合挤压、侧向挤压等几种。其中，正挤压是金属材料挤压生产的主要方式，为了提高挤压速度，同时克服挤压过程中温度变化导致的产品组织性能变化，等温挤压工艺是解决此问题的有效手段。实现等温挤压的方法有坯料梯温加热/冷却、工模具控温、参数优化法、基于热力模型的速度控制、温度-速度在线检测闭环控制等。其中，温度-速度在线检测闭环控制效果最好，但其实现难度较大，是等温挤压工艺的理想发展方向。

（3）多坯料挤压[1,5]。多坯料挤压法不同于传统挤压中只使用一个坯料（单一金属坯料或复合坯料）的情形，而是根据需要在一个筒体上开设多个挤压筒孔，在各个筒孔内装入尺寸和材质相同或不同的坯料，然后同时进行挤压，使其流入带有凹腔（焊合腔）的挤压模内焊合成一体后再由模孔挤出，以获得形状与尺寸符合需求的产品，其基本原理如图1-15所示。通过采用特殊结构的挤压模，控制金属的流动，可以成型各种层状复合材料，其中的一些层状复合材料是采用现有塑性加工方法难以成型的，如采用两种或多种材料来构成同一包覆层（即在圆周方向由不同材料焊合成一体的包覆层）、同时进行两层以上的包覆、多层复合管或空心型材、特种层状复合材料等。

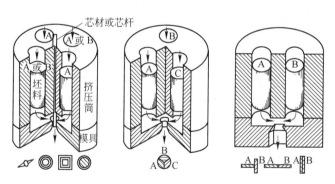

图1-15 多坯料挤压原理

（4）弧形型材挤压[1,5]。20世纪80年代后期以来，日本、美国、德国等国家先后开始了弧形型材挤压加工技术的开发研究。通过对挤出模孔时产品的流出方向施加强制控制，直接获得具有C形曲线或其他曲线而非平直的产品，即实现挤压成型与后加工（如冷弯）一体化的技术，是一个受到关注的研究方向，具有潜在的发展前景。图1-16所示为实现弧形型材挤压的两种方法。图1-16(a)为利用定径带长度调节型材流出模孔的速度，获得具有所需弧形型材的方法；图1-16(b)为在挤压机前机架出口处设置专用的弯曲变形装置，对挤出型材施加强制弯曲变形成型弧形型材的方法。

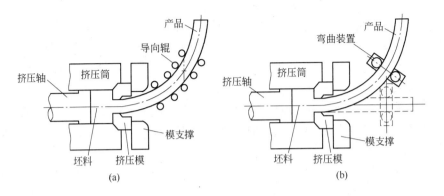

图 1-16　弧形型材挤压成型示意图

（a）工作带成型；（b）弯曲装置成型

参 考 文 献

［1］谢建新，刘静安. 金属挤压理论与技术［M］. 2 版. 北京：冶金工业出版社，2012.

［2］马怀宪. 金属塑性加工学——挤压、拉拔与管材冷轧［M］. 北京：冶金工业出版社，1989.

［3］温景林. 金属挤压与拉拔工艺学［M］. 沈阳：东北大学出版社，1996.

［4］刘静安，李建湘. 铝合金管棒型线材生产技术与装备发展概况［J］. 轻合金加工技术，2007，35（5）：4~9.

［5］谢建新. 金属挤压技术的发展现状与趋势［J］. 中国材料进展，2013，32（5）：257~262.

［6］冷艳，景作军. 铝型材等温技术综述［J］. 北方工业大学学报，2004，16（3）：56~60.

［7］星野倫彦. 押出し［J］. 塑性と加工，1997，38（439）：39~40.

［8］時澤貢. 新世紀の押出し加工技術を求めて［J］. 塑性と加工，2000，41（472）：1~3.

［9］岡庭茂. 精密押出し技術［J］. 塑性と加工，2000，41（472）：3~7.

［10］福岡新五郎. 特殊押出し加工における新技術動向［J］. 塑性と加工，2000，41（472）：20~30.

［11］星野倫彦. 押出し21 世紀への展望［J］. 塑性と加工，1994，35（400）：482~485.

［12］日本塑性加工学会. 押出し加工—基礎から先端技術まで［M］. 東京：コロナ社，1992.

［13］王祝堂，田荣璋. 铝合金及其加工手册［M］. 2 版. 长沙：中南大学出版社，2000.

［14］松下富春，栄輝. アルミ合金の熱間押出しにおける生産性向上技術［J］. 塑性と加工，2000，41（472）：8~13.

［15］刘静安. 对我国铝加工产业发展战略的浅见与建议. Lw2007 铝型材技术（国际）论坛文集［C］，广州，2007.3.

［16］佐野秀男. 押出し用アルミニウム合金の開発［J］. 塑性と加工，2000，41（472）：14~19.

［17］Valiev R Z，Kovzmkov A V，Mnlyukov R R. Structure and properties of ultrafine-grained materials produced by severe plastic deformation［J］. Materials Science Engineering，A，1993，168

(2)：141 ~ 148.

[18] 刘静安．大型铝合金型材挤压技术与工模具优化设计[M]．北京：冶金工业出版社，2003.

[19] 刘静安．轻合金挤压工具与模具（上）[M]．北京：冶金工业出版社，1999.

[20] 叶尔曼诺克．铝合金型材挤压[M]．北京：国防工业出版社，1982.

[21] 刘静安．铝型材挤压模具设计、制造、使用及维修[M]．北京：冶金工业出版社，2002.

[22] 長海博文．押出成形シミュレーションの基礎と応用事例[J]．軽金属，2005，55(1)：47 ~ 52.

[23] Youg Tae Kim，Keisuke Ikeda，Tadasu Murakami. Metal flow in porthole die extrusion of aluminium[J]. Jounmal of Materials Processing Technology，2002，121(1)：107 ~ 115.

[24] 俞子骁．平面分流焊合成形力的工程简易算法[J]．模具工业，2000(2)：64 ~ 69.

[25] 林启权，彭大暑．轴对称正挤压的简化滑移线解[J]．塑性工程学报，2002，9(3)：9 ~ 13.

[26] 谢建新，曹乃光．热挤压变形力的粘塑性模式解[J]．中南矿业大学学报，1988，19(1)：51 ~ 56.

[27] 大矢根守哉．塑性加工学[M]．東京：株式会社養賢堂，1984.

[28] 裴强．带筋薄壁圆管分流模挤压变形过程的数值模拟[D]．北京：北京科技大学，1999.

[29] 謝建新，村上糺，高橋裕男．4 素材押出しによる管成形における材料流動[J]．塑性と加工，1990，31(4)：502 ~ 508.

[30] 時澤貢，高辻則夫，室谷和雄．熱間接押し加工における塑性流れおよび型内圧力分布に及ぼすダイス角の影響[J]．塑性と加工，1989，30(12)：954 ~ 958.

[31] 木場博文，中西賢二，上谷俊平．C 形材押出加工におけるフローガイド形状が塑性流れに及ぼす影響[J]．塑性と加工，2001，42(9)：1675 ~ 1681.

[32] 曹起骧，肖颖，叶绍英，等．用光电扫描云纹法研究轴对称挤压[J]．模具技术，1986(3)：14 ~ 37.

[33] Lof J，Blokhuis Y. FEM simulations of the extrusion of complex thin-walled aluminium sections [J]. Journal of Materials Processing Technology，2002，122(2 ~ 3)：344 ~ 354.

[34] 闫洪，包忠诩．角铝型材挤压过程的数值模拟[J]．中国有色金属学报，2001，11(2)：202 ~ 205.

[35] Zhou J，Li L，Duszczyk. Computer simulated and experimentally verified isothermal extrusion of 7075 aluminium through continuous ram speed variation[J]. Journal of Materials Processing Technology，2004，146(2)：203 ~ 214.

[36] Duan X J，Velay X，Sheppard T. Application of finite element method in the hot extrusion of aluminium alloys[J]. Materials Science and Engineering A，2004，369(1 ~ 2)：66 ~ 75.

[37] 李人宪．有限体积法基础[M]．北京：国防工业出版社，2005.

[38] Chena Z Z，Lou Z L，Ruan X Y. Finite volume simulation and mould optimization of aluminum profile extrusion[J]. Journal of Materials Processing Technology，2007，190(1 ~ 3)：382 ~ 386.

[39] 黄克坚，包忠诩，陈泽中．有限体积法在挤压模具设计中的运用[J]．稀有金属材料与

工程，2004，33(8)：855~857.

[40] Wu Xianghong, Zhao Guoqun, Luan Yiguo, et al. Numerical simulation and die structure optimization of an aluminum rectangular hollow pipe extrusion process[J]. Materials Science and Engineering A, 2006, 435~436(5)：266~274.

[41] 李大永，王洪俊，罗超，等. 薄壁铝型材挤压有限体积分步模拟[J]. 上海交通大学学报，2005，39(1)：6~10.

[42] 张志豪，谢建新. 挤压模具的数字化设计与数字化制造[J]. 中国材料进展，2013，32(5)：292~298.

挤压成型数值模拟

2.1　模拟的基本方法

挤压是材料发生塑性大变形的过程，与其他金属塑性成型工艺相比，材料的应变和应变速率更高，属于典型的材料非线性、边界条件非线性和几何非线性集中的问题。

挤压成型数值模拟时主要采用两种材料模型，即弹塑性模型和刚塑性模型。在此基础上，如果考虑材料加工中的温度、速度变化带来的影响，需采用热弹（黏）塑性模型和热刚（黏）塑性模型。其中弹（黏）塑性模型主要应用在求解残余应力的分布和回弹问题，如挤压模具的应力分布及回弹情况。而刚（黏）塑性模型的求解忽略了弹性变形，因此计算求解速度比弹塑性模型的求解速度要快 3 ~ 5 倍，但不能求解残余应力或回弹问题。在热挤压工艺中，由于温度高、变形速度快，并且工件的弹性变形在整个变形中所占比例很小，因此可忽略材料的弹性变形，一般采用刚（黏）塑性模型来进行模拟。在冷挤压工艺中，一般采用刚塑性模型来进行模拟[1]。

对于体积成型模拟，描述非线性连续体流动的有限元方程有两种基本格式，即 Lagrange 格式和 Euler 格式[2]。采用 Lagrange 格式描述流动的材料时，网格与变形体一起流动，就像材料上刻上网格一样，当材料变形时网格也随同变形，这样网格很容易处理复杂的边界条件，跟踪材料点，记忆材料变形的历史，对于那些依赖变形历史和应变路径的材料来说，用这种材料能够精确地描述其成型过程。但对于挤压这样的大变形工艺，Lagrange 格式的描述遇到的最大问题就是需要不断地网格重划分，既浪费计算时间，又降低了计算的精度。

Euler 格式的描述主要用于流体力学的分析中，Euler 网格用于描述固定空间，计算时材料只是从一个单元流到另一个单元，材料的质量、动量和能量也随之从一个单元流到另一个单元，同时在此过程中，满足质量守恒、动量守恒、能量守恒、状态方程等控制方程。因此对于该方法，材料流动时，网格是固定的，当材料变形时，网格不随其变形而变化，就像拿着刻有网格的透明玻璃片观察变形体一样，无论材料发生多大的变形，无需重新划分网格，相比有限元法，其计算速度快，这种格式主要用于描述边界条件不变化的稳态问题，但 Euler 方法不太适合描述自由表面问题和依赖变形历史的材料成型问题[2]。

为了发挥两种方法的优势，出现了一种集成方法 Arbitrary Lagrange-Euler 方法（ALE）[2]。这种方法中材料速度和网格速度是分开定义的，即空间网格是运动的，可以通过选择网格的运动来任意指定是 Lagrange 描述还是 Euler 描述。但目前 ALE 的模拟应用中，由于网格处理较为烦琐，建模时要求对材料流经的所有区域事先划分网格，并在单元网格划分前，需要对导入的几何模型进行几何清理工作，清除错位、小孔、相邻曲面之间的边界等缺陷，改善几何模型的拓扑关系。网格划分遵循由下到上、由内到外、由小到大的原则，先生成面网格，再生成体网格。因此大部分模拟计算过程还是接近 Euler 描述。

目前，三种有限元格式在挤压工艺的模拟中都得到了应用，基于 Lagrange 格式描述的代表软件有，美国的 Deform-3D 和法国 FORGE，二者都是针对体积成型的专用软件。在挤压模拟时，主要用于分析瞬态挤压过程的金属流动行为、应力-应变场、温度场、模具受力等问题。

基于 Euler 格式描述的代表软件为日本锻造协会的 MSC.SuperForge，它是一款专门针对锻造成型工艺模拟的有限体积软件，界面采用锻压专业语言，可模拟冷锻、热锻及多道次加工，近年开始在挤压成型领域进行应用。主要用于分析瞬态挤压过程的金属流动。

有限体积软件 MSC.SuperForge 是用于锻压过程数值模拟的专用软件，近年开始应用在挤压仿真领域。描述材料流动时采用 Euler 方法[2]。相比有限元法，其计算速度快，易于成型。

基于 ALE 格式描述的代表软件为美国 Altair 公司开发 HyperXtrude，它是专门用于分析铝型材挤压的生产中材料流动和传热的一款软件。主要用于稳态挤压过程中金属流动行为的分析，即假设焊合室已充满并已经挤出型材头部，根据模拟计算的速度场、应力、应变场、温度场等情况来推断模具结构对金属流动行为的影响。

2.2 模拟准备与分析工作

2.2.1 模拟流程

模拟流程分为以下几个步骤：

（1）收集挤压过程信息。挤压过程信息包括挤压制品设计、工艺参数设计和模具设计。为了进行模拟，需要获得坯料材质、模具结构尺寸、变形过程等信息。

（2）几何模型构建。针对模拟目的，对挤压过程进行简化和数值化，以进行适当的模型化，获得包含必要信息的几何模型。几何模型构建时需要考虑的主要因素有：

1）选用二维模型还是三维模型；

2）是否考虑工件和模具的温度；

3）工件和模具的变形特性属于弹性、弹塑性、刚塑性、刚（黏）塑性中的哪一种；

4）如何设置速度、摩擦、传热等边界条件。

（3）数据的准备和输入。在前处理中，根据几何模型，输入挤压坯料参数、工艺参数、物理性能值，调整坯料和模具间的位置、运动条件。同时输入控制边界条件和计算过程的各个参数。

（4）实施计算。几何模型、工艺参数及运动条件等所有参数输入后进行计算，输出计算结果。

（5）模具结果分析。在后处理程序里，以云图、线图等形式输出各种信息，基于模拟的目的和模型化的意图，对模拟结果进行分析。

2.2.2 模拟信息

模拟计算后的结果可分为直接结果和间接结果两大类。直接结果包括，变形过程中或变形结束后的工件形状、金属流变行为、速度场、应力-应变场、温度场等物理量。同时还包括由上述计算结果得到的静水压力、最大主应力、工具压力、载荷等曲线参数。间接结果需要根据直接结果进行推断，如材料是否破坏、工模具是否开裂、疲劳寿命、工模具的磨损等。

直接结果主要用于以下几方面的分析：

（1）工件形状。工件与模具的形状不同，则表示该部分缺肉（填充不良）。

（2）流动速度。分析变形过程中物体内部的流动速度，可以推断产生缺陷或填充不良的原因。如挤压时可根据型材断面金属流速的分布情况，来设置不等长工作带尺寸，流速快的部位增加工作带长度，流速慢的部位缩短工作带的长度。

（3）等效应力。等效应力是将各应力分量代入米塞斯屈服条件得到的值，在塑性变形过程中与变形抗力一致。模拟模具的弹性变形时，当等效应力接近屈服应力，就表示该部分容易产生塑性变形。

（4）最大主应力（σ_{max}）。该力用于材料受拉应力作用而开裂的判断，通常采用它与变形抗力 Y 的比值（σ_{max}/Y）。在均匀变形时，$\sigma_{max}/Y = 1$；而在产生缩颈部位，$\sigma_{max}/Y > 1$，这将加速开裂。

（5）静水应力（σ_m）。静水应力为正应力的平均值，平均应力为拉伸应力时，该值较大，工件容易产生开裂破坏。

（6）接触压力。接触压力接近零，表示材料容易脱离模具；反之，若接触压力非常大，如达到变形抗力的 2 倍以上，则相应的摩擦力也会非常高，这将会加剧模具磨损，因为模具磨损多以接触压力与滑动距离的乘积为描述参数。

（7）等效应变。等效应变用于表示塑性变形的大小。等效应变大，意味着变形量大，变形体可能会产生破坏，或该部分材质发生变化。反之，等效应变接近于零，则可认为该部分为变形过程中的死区。

（8）应变速度。应变速度表示变形部分的变形快慢，用于非变形区域和变形集中区域等的推定。

2.2.3　掌握模拟技术的关键

掌握模拟技术的关键在于：

（1）明确目的。在模拟时，不理解成型原理、不能把握成型意图而单纯的依赖模拟计算，不能获得有价值的结果。为了进行有效的模拟，必须明确以下几点：

1）为什么进行模拟，如提高模具寿命；

2）想知道什么，如模具面压；

3）对目标结果有重要影响的参数是什么，如圆角；

4）需要多大的精度信息，如50%以上的压力变化。

（2）不能迷信模拟。模拟只不过是基于输入数据按程序计算而已，所以不输入正确的数据，就不能得到正确的模拟结果。由于很难获得100%的正确数据，所以为了证明计算结果，需要与一定程度的实验数据进行比较。因此必须经常确认是否是在按目的和模型化的意图进行模拟。

（3）简单建模。模拟的几何模型越简单精度越高。三维计算、增加单元数量、温度计算、工模具弹性变形都考虑的模型较为复杂，模型越复杂计算时间越长，越容易丢失重要参数。简单模型有利于节约计算时间、分析结果时间，避免因初始参数设置错误问题。需要复杂模型时，可通过简单模型开始、逐步趋向复杂化的方法，在短时间内得到高精度的模拟结果。

（4）有效数据。模拟计算本身的精度随着单元数量的增加而提高，但计算结果与实际吻合程度的综合精度，主要受输入数据的影响。对于塑性成型的模拟，其有效数据主要是材料变形抗力（本构模型）和摩擦条件（摩擦模型）。

材料的变形抗力随材料成分、组织、热处理、变形温度、变形速度等因素产生变化。完全充分地考虑这些影响因素的数据或计算公式是不存在的。所以要通过近似来获得，但很难确认近似的精度。如对于像碳素钢这样常用材料的变形抗力数据，由于实验数据积累较多，形成了大家认可的规律模型，可直接利用。但对于某些特殊的材料，尚没有大家公认的模型，为了进行模拟，需要进行一些测试，以获得材料变形抗力。

摩擦随润滑剂、工模具表面状态、速度、温度等条件而异。实际加工条件下的材料及摩擦的完整数据很难通过资料查到，同时自己收集数据也需要耗费大量的精力。与变形抗力数据相比，几乎没有完整的摩擦数据，所以模拟时通常根据经验条件而采用近似的摩擦数据。通常摩擦特性对计算结果的影响没有变形抗力明显，但是对于某些特定的问题，摩擦特性是非常重要的，不能忽视。

（5）精确分析。考察是否存在应力-应变分布集中的部分，研究单元大小和分布、每步成型量是否合适。与过去的数据和经验比较，考察计算结果与实际的吻合程度，进而确认输入数据的可靠性。根据后处理结果提供各种场量进行综合判断和分析，进而预测出成型过程的缺陷，即根据获得的模拟结果的组合信息，分析、推断成型过程的各种潜在问题、成型规律等是进行模拟必须具备的能力。

（6）理论与实际的结合。对于通常的模拟，要了解基本的知识。与掌握高深的塑性力学和有限元法理论相比，实际的生产经验也非常重要，这样才能在限定的生产现场，针对实际生产中出现的问题进行模拟，对实际问题进行高效处理。因此要想用好模拟技术，精通模拟和生产实际的通用型人才是必不可少的。

2.3　高温本构模型的建立

材料数据（高温塑性本构关系，即热加工过程中流动应力与应变、应变速率和温度之间的依赖关系）是保证数值模拟精度的首要因素。热挤压加工是在高温、高应变速率及大应变量的条件下进行的热塑性变形过程。目前研究材料高温塑性变形行为的主要方法有单轴拉伸、压缩和扭转[3,4]。由于轴对称等温压缩可在较大应变速率范围内测定材料在热变形时的真应力-真应变关系，因此目前对于挤压模拟时的材料本构模型，常采用圆柱等温热压缩实验，来获得高温变形行为。

2.3.1　铝合金本构模型

A6005 铝合金的成分见表 2-1，铸锭尺寸 $\phi90 \times 180mm$，均质化处理温度 560℃，保温时间为 6h。

表 2-1　A6005 铝合金的化学成分（质量分数）　　　　（%）

Al	Si	Fe	Cu	Mn	Mg	Cr	Zn	Ti	Ni	Pb	Zr	Be
98. 17	0. 751	0. 261	0. 286	0. 051	0. 576	0. 017	0. 028	< 0. 01	< 0. 02	< 0. 03	< 0. 003	< 0. 0001

采用 Gleeble-1500 热模拟机进行圆柱体高温压缩试验，试样尺寸为 $\phi10 \times 15mm$，应变速率 $0.5s^{-1}$、$1s^{-1}$、$5s^{-1}$ 和 $20s^{-1}$，变形温度 350℃、400℃、460℃、500℃、540℃、580℃。采用铂-铑热电偶焊接在试样的中部，以测量和控制温度。为减少试样温度的不均匀性及与压头之间的摩擦和黏结，在试样与压头之间放置石墨钽以便隔离和润滑。为确保试样温度均匀，试样加热到指定温度后保温 5min，变形结束后立即对试样进行水淬。为获得恒定的应变速度，压头位移速度

v_d 按下式进行计算，压缩总变形量为 60%。

$$v_d = \frac{s}{t} \tag{2-1}$$

$$t = \frac{\varepsilon_{max}}{\dot{\varepsilon}} \tag{2-2}$$

式中：s 为总压下量；t 为总压下时间；ε_{max} 为最大应变量；$\dot{\varepsilon}$ 为应变速率。

A6005 铝合金在不同温度和应变速率下的应力-应变关系曲线如图 2-1 所示。由图 2-1 可知，在同一应变速率下，随变形温度的升高，真应力水平明显下降；在同一变形温度下，随应变速率增加，真应力水平升高，说明合金在该实验条件下具有正的应变速率敏感性；该合金在热加工时存在加工硬化和动态软化两个矛盾的过程，加工硬化主要是由变形时的位错增殖和位错间的相互作用引起的，动态软化主要由刃型位错的攀移或螺型位错的交滑移在热激活和外加应力的作用下

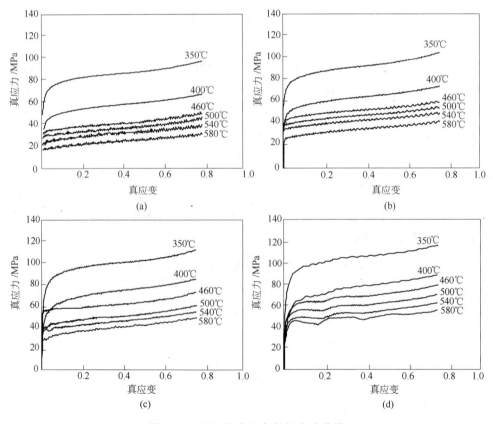

图 2-1　A6005 铝合金真应变-应力曲线

(a) $\dot{\varepsilon} = 0.5s^{-1}$；(b) $\dot{\varepsilon} = 1s^{-1}$；(c) $\dot{\varepsilon} = 5s^{-1}$；(d) $\dot{\varepsilon} = 20s^{-1}$

发生位错的合并产生，属于高层错能合金，主要软化机制为动态回复。

金属的热变形是一个受热激活控制的过程，其流变行为可用应变速率、温度和流变应力之间的关系进行描述，Sellars 和 Tegart 通过对不同热加工数据的研究，提出了一种包含变形激活能和温度的 Arrhenius 双曲正弦本构方程[5~7]，其变形过程流变应力与变形温度、变形程度和应变速率的关系用 Arrhenius 双曲正弦方程可表示为：

$$\dot{\varepsilon} = A(\sinh(\alpha\sigma))^n \exp(-Q/RT) \tag{2-3}$$

式中：$\dot{\varepsilon}$ 为应变速率，s^{-1}；A 为结构因子，s^{-1}；α 为应力水平参数，MPa^{-1}；σ 为流变应力，MPa；n 为应力指数；Q 为变形激活能，是表征材料热变形的重要参数；R 为气体常数；T 为热力学温度。A、n、Q 为应变的函数。

为了建立反映 A6005 铝合金变形过程的本构关系模型，假定材料参数 A、n 和 Q 是应变的函数。采用温度补偿的应变速率因子 Zener-Hollomon(Z) 参数来描述热变形条件：

$$Z = \dot{\varepsilon}\exp(Q/RT) \tag{2-4}$$

对式（2-3）两边取对数得：

$$\ln\dot{\varepsilon} = n\ln(\sinh\alpha\sigma) - \frac{Q}{RT} + \ln A \tag{2-5}$$

由于上式中有 A、n、α 和 Q 四个待定参数，无法直接通过线性回归确定 A、n、α 和 Q 的值。为此根据 Yuan 等人[5]提出的求解方法，假设在恒应变速率压缩过程中，认为实测温度对应的流变应力与等温条件下获得的流变应力相等。采用最小残差平方和的方法，将对应的实测数据代入式（2-5）进行求解，无需对温度变化引起的流变应力进行修正。采用 Mathematica 软件对方程进行计算回归，具体求解过程如下：

先假定 α 已知，令
$$W_i = \ln\dot{\varepsilon}$$
$$X_i = \ln(\sinh\alpha\sigma_i)$$
$$Y_i = 1/T_i, a = n$$
$$b = -Q/R$$
$$c = \ln A$$

i 为实验次数（共 u 次），则式（2-5）转换为：

$$W_i = aX_i + bY_i + c \tag{2-6}$$

对上式进行线性回归得：

$$\begin{pmatrix} a \\ b \\ c \end{pmatrix} = \begin{pmatrix} u & L_x & L_y \\ L_x & L_{xx} & L_{xy} \\ L_y & L_{xy} & L_{yy} \end{pmatrix}^{-1} \begin{pmatrix} L_w \\ L_{wx} \\ L_{wy} \end{pmatrix} \tag{2-7}$$

其中，$L_x = \sum\limits_{i=1}^{u} X_i$，$L_y = \sum\limits_{i=1}^{u} Y_i$，$L_w = \sum\limits_{i=1}^{u} W_i$，$L_{xx} = \sum\limits_{i=1}^{u} X_i^2$，$L_{yy} = \sum\limits_{i=1}^{u} Y_i^2$，$L_{xy} = \sum\limits_{i=1}^{u} X_i Y_i$，$L_{wx} = \sum\limits_{i=1}^{u} W_i X_i$，$L_{wy} = \sum\limits_{i=1}^{u} W_i Y_i$。

则残差（测量值 W_i 与计算值 $\hat{W}_i$ 之差）的平方和为：

$$\Phi = \sum_{i=1}^{u} (W_i - \hat{W}_i)^2 = \sum_{i=1}^{u} (W_i - aX_i - bY_i - c)^2 \tag{2-8}$$

其中 a、b、c 都是 α 的函数，则 Φ 也是 α 的函数，可以求得 Φ 为最小时的 α 值。将 α 代入式（2-7）得到 a、b、c 的值，从而得到 n、Q 和 A 的值。

选择压缩过程中某一应变条件下较为稳定的一组数据，本节选择在应变为 0.6 时不同应变速率 $\dot\varepsilon$、温度 T 对应的流变应力 σ 值，见表 2-2。然后将其数据依次代入式（2-5），采用最小残差平方和的方法求得：

$$\alpha = 0.005342 \mathrm{MPa}^{-1}$$

$$A = 2.6701 \times 10^{13} \mathrm{s}^{-1}$$

$$n = 7.20121$$

$$Q = 118829 \mathrm{J/mol}$$

表 2-2　不同应变速率和温度对应的流变应力（$\varepsilon = 0.6$）

$\dot\varepsilon/\mathrm{s}^{-1}$	$T/^{\circ}\!\mathrm{C}$	σ/MPa	$\dot\varepsilon/\mathrm{s}^{-1}$	$T/^{\circ}\!\mathrm{C}$	σ/MPa
0.5	350	89.84	5	350	104.00
0.5	400	61.52	5	400	78.13
0.5	460	44.43	5	460	65.43
0.5	500	38.57	5	500	53.71
0.5	540	36.13	5	540	49.81
0.5	580	26.86	5	580	43.47
1	350	96.19	20	350	111.32
1	400	65.91	20	350	83.01
1	460	53.22	20	460	73.73
1	500	47.85	20	500	64.45
1	540	42.97	20	540	58.11
1	580	36.62	20	580	52.73

假定 α 值为 0.005342MPa^{-1}，不随应变发生变化，式（2-3）只有三个待定参数，可以直接通过线性回归得到 n、Q 和 $\ln A$。将不同应变水平（ε 分别为 0.1、0.15、0.2、0.25、0.3、0.35、0.4、0.45、0.5、0.55、0.6）的应变速率、流变应力和实测温度依次代入式（2-5）~式（2-7），求得获得不同应变水平下的 n、Q 和 $\ln A$，根据所求得的 n、Q 和 $\ln A$，采用曲线拟合方法可以获得 n、Q 和 $\ln A$ 与应变 ε 之间的函数关系，表达式分别为：

$$n = 0.6507\varepsilon + 6.8463 \tag{2-9}$$

$$Q = 111.8425\varepsilon^3 - 163.668\varepsilon^2 + 60.6647\varepsilon + 116.0986 \tag{2-10}$$

$$\ln A = 31.0744 + 0.7081 \times \exp\left\{-2 \times \left[(\varepsilon - 0.2895)/0.01915\right]^2\right\} \tag{2-11}$$

根据式（2-9）~式（2-11），绘制出 n、Q 和 $\ln A$ 与应变关系的曲线，如图 2-2

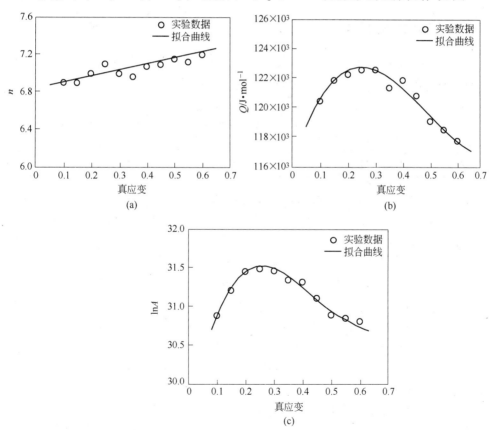

图 2-2　n、Q 和 $\ln A$ 随应变变化的情况

（a）由实测数据获得的 n 值和式（2-9）拟合曲线；（b）由实测数据获得的 Q 值和式（2-10）拟合曲线；（c）由实测数据获得的 $\ln A$ 值和式（2-11）拟合曲线

所示。从图中可以看出，n 值随应变的增加而线性增加；Q 和 $\ln A$ 随应变的增加而递减，拟合曲线与实验数据回归所得的材料参数值吻合良好。

根据双曲正弦反函数的定义，由式（2-3）和式（2-4）得：

$$\sigma = \frac{1}{\alpha}\ln\left\{\left(\frac{Z}{A}\right)^{1/n} + \left[\left(\frac{Z}{A}\right)^{2/n} + 1\right]^{1/2}\right\} \tag{2-12}$$

因此，A6005 铝合金的高温塑性变形本构关系可表示为：

$$\sigma = \frac{1}{0.005342}\ln\left\{\left(\frac{Z}{A}\right)^{1/n} + \left[\left(\frac{Z}{A}\right)^{2/n} + 1\right]^{1/2}\right\} \tag{2-13}$$

其中，$Z = \dot{\varepsilon}\exp(Q/RT)$，$n$、$Q$、$A$ 分别由式（2-9）、式（2-10）、式（2-11）及相关函数关系确定。

2.3.2 镁合金本构模型

AZ91 镁合金成分见表 2-3，采用水冷模铸成 $\phi90 \times 180\text{mm}$ 圆棒铸坯，并在 380℃时进行均质化处理，保温时间为 15h，然后空冷至室温。

表 2-3 AZ91 镁合金的化学成分（质量分数）   （%）

合金	Al	Zn	Mn	Si	Fe	Cu	Ni	Ca	Mg
AZ91	9.4021	0.4079	0.2064	0.0092	0.0035	0.0010	0.0005	0.0038	Bal

实验在 Gleeble-1500 热模拟试验机上进行，均质化处理后的铸坯加工成尺寸为 $\phi10\text{mm} \times 15\text{mm}$ 的试样，分别在 300℃、350℃、400℃和 450℃进行等温压缩实验，应变速率为 0.05s^{-1}、0.5s^{-1}、5s^{-1} 和 10s^{-1}，图 2-3 所示为 AZ91 镁合金在不同温度和应变速率下的应力-应变关系曲线。

由图 2-3 可得，AZ91 合金热压缩时流变应力的总体变化规律为，在应变速率为 5s^{-1} 和 10s^{-1} 时，流变应力首先随真应变的增加迅速上升，达到峰值后不断下降，由于这两种应变速率条件下，AZ91 合金都产生了开裂，所以在真应变为 0.7 时应力-应变关系曲线仍未见平缓，这可能与变形过程中的开裂有关；在应变速率 0.05s^{-1} 和 0.5s^{-1} 时，其流变应力达到峰值后逐渐下降，达到一定应变量后流变应力趋于平缓。

在热压缩温度为 300℃时，压缩试样产生了开裂。因为热压缩温度为 300℃时，非基面滑移系所需的临界切应力要比基面大很多，AZ91 合金的滑移系统只启动了基面滑移系，合金晶间强度高，塑性变形难于协调，合金容易产生开裂[8,9]。AZ91 合金在热压缩温度为 350℃和 400℃，应变率为 0.05s^{-1} 和 0.5s^{-1} 时塑性变形情况良好，表面没有产生开裂，应变速率为 5s^{-1} 和 10s^{-1} 时，表面产生

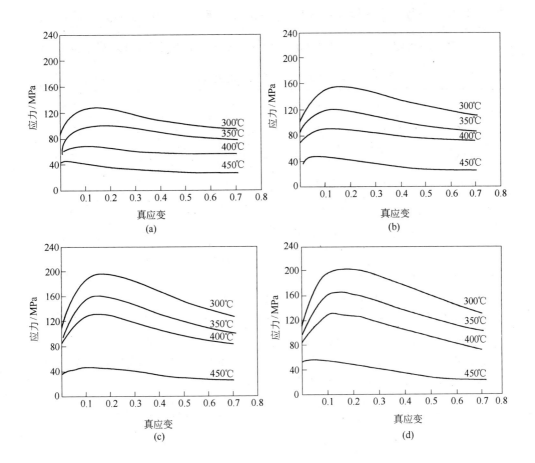

图 2-3 AZ91 镁合金真应力-应变曲线

(a) $\dot{\varepsilon}=0.05\text{s}^{-1}$；(b) $\dot{\varepsilon}=0.5\text{s}^{-1}$；(c) $\dot{\varepsilon}=5\text{s}^{-1}$；(d) $\dot{\varepsilon}=10\text{s}^{-1}$

了开裂。由于 AZ91 合金的滑移系统中基面、柱面和锥面滑移系都被启动，在应变速率较低时，塑性变形能够协调进行，合金不容易产生开裂，但当应变速率过高时，变形来不及协调，将产生开裂。热压缩温度为 450℃进行压缩时试样产生半固态溶化[10]。

因此，综合以上变化规律及影响作用，在制定挤压工艺方案时，必须充分考虑到变形温度和应变速率对塑性流动行为的影响，AZ91 的最佳挤压温度应为 350~400℃，同时应变速率小于 5s⁻¹，避免挤压过程中开裂。

镁合金在高温下的金属流动行为也符合 Selars 和 Tegart 提出的采用包含变形激活能 Q 和温度 T 的双曲正弦形式修正的 Arrhenius 关系，故其求解过程与铝合金相同。

选择在应变为 0.1 时不同应变速率 $\dot{\varepsilon}$、温度 T 对应的流变应力 σ 值，见表

2-4。将其实测数据依次代入式（2-5），采用最小残差平方和的方法求得：

$$\alpha = 0.01298\text{MPa}^{-1}, A = 2.1660 \times 10^{10}\text{s}^{-1}, n = 5.3562, Q = 150276\text{J/mol}。$$

表2-4　不同应变速率和温度对应的流变应力（$\varepsilon = 0.1$）

$\dot{\varepsilon}/\text{s}^{-1}$	$T/℃$	σ/MPa	$\dot{\varepsilon}/\text{s}^{-1}$	$T/℃$	σ/MPa
0.05	300	125.97	5	300	191.40
0.05	350	96.67	5	350	78.13
0.05	400	68.35	5	400	65.43
0.5	300	151.36	10	300	53.71
0.5	350	119.14	10	350	49.81
0.5	400	90.32	10	400	43.47

假定 α 值为 0.001298MPa^{-1} 不随应变发生变化，式（2-3）只有三个待定参数，可以直接通过线性回归得到 n、Q 和 $\ln A$。将不同应变水平（$\varepsilon = 0.1 \sim 0.6$）的应变速率、流变应力和实测温度依次代入式（2-5）~式（2-7），求得获得不同应变水平下的 n、Q 和 $\ln A$，根据所求得 n、Q 和 $\ln A$，采用曲线拟合方法可以获得 n、Q 和 $\ln A$ 与应变 ε 之间的函数关系，表达式分别为：

$$n = 5.2461 + 4.9472 \times \exp\{-2 \times [(\varepsilon - 0.7331)/0.37251]^2\} \quad (2-14)$$

$$\ln A = 22.2051 + 71.8960 \times \exp\{-2 \times [(\varepsilon - 1.4552)/0.9861]^2\} \quad (2-15)$$

$$Q = 145.2407 + 453.7577 \times \exp\{-2 \times [(\varepsilon - 1.4902)/0.9382]^2\} \quad (2-16)$$

根据式（2-12）AZ91 镁合金的高温塑性变形本构关系可表示为：

$$\sigma = \frac{1}{0.01298}\ln\left\{\left(\frac{Z}{A}\right)^{1/n} + \left[\left(\frac{Z}{A}\right)^{2/n} + 1\right]^{1/2}\right\} \quad (2-17)$$

其中，$Z = \dot{\varepsilon}\exp(Q/RT)$，$n$、$Q$、$A$ 分别由式（2-14）、式（2-15）、式（2-16）及相关函数关系确定。

2.4　高温摩擦因子的测定

塑性成型数值模拟的摩擦边界条件设置，是影响模拟精度的关键因素之一。挤压时材料和模具之间的摩擦状态非常复杂，得出合理的摩擦因子非常困难。通常测定摩擦因子的方法主要有夹钳-轧制法、扭矩法、压力法和圆环镦粗法。

圆环压缩法是 20 世纪 60 年代提出的一种测定塑性成型时摩擦因子的方

法[11]。是把一定尺寸的圆环在平砧间压缩,通过在不同摩擦状态下试件压缩时的内外径变化来测定试件与平砧间的摩擦因子。在任何摩擦情况下,外径总是增大,而内径则随摩擦系数或增大或减小。因此通常以内径的变化来作为衡量摩擦大小的依据,将不同摩擦系数下圆环压缩量和内径变化间的关系绘成线图,成为测定摩擦因子的标定曲线,利用此曲线可方便准确地获得摩擦因子[12~14]。

圆环压缩时,若摩擦系数很小,所有的金属沿径向从中心向外流动,圆环内外径增大,随着摩擦系数的增加,变形特征发生变化,并且在圆环中出现了一个半径为 R_n 的分流面,一部分金属沿分流面向外流动,而另外一部分金属向中心方向移动,圆环内径减小而外径增大,如图2-4所示。其中 R_0 为圆环内径,R_i 为外径,R_n 为分流半径。

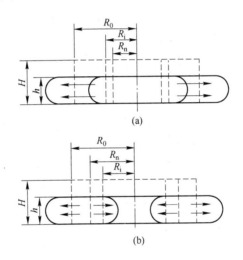

图2-4 圆环镦粗时的两种变形类型

(a) $R_n \leqslant R_i$; (b) $R_i \leqslant R_n < R_0$

圆环镦粗实验的实验装置简单易行,不需测出塑性变形功和流动应力,只需测出内径和高度的变化量,不论摩擦系数较大或较小,其准确性均较高。因此可为数值模拟时建立合理的摩擦边界条件提供依据。

为此通过圆环压缩实验,结合文献 [15] 的理论校准曲线,根据式 (2-18) 对摩擦因子 m 值进行修正,式中 m_t 为修正后的摩擦因子:

$$m_t = \frac{m}{2^{m/2}} \tag{2-18}$$

2.4.1 铝合金摩擦因子测定

采用100t万能材料实验机,在无润滑条件下,对不同温度的 A6005 铝合金圆环进行压缩实验，圆环试样的外径、内径、高的比为 6∶3∶2，尺寸如图 2-5 所示。

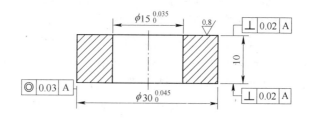

图 2-5 压缩圆环尺寸示意图

实验中的上下砧采用与挤压模具材料相同的 H13，热处理硬度为 HRC46 ~ 50。采用热电阻炉对模具及圆环进行加热，用热电偶测量圆环温度，圆环压缩前用 1000 号砂纸打磨光亮，实验装置如图 2-6 所示。

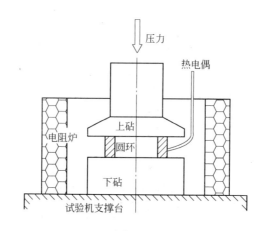

图 2-6 圆环压缩实验装置

为精确测量圆环压缩后的内径和高度，圆环的压下量应该控制在 30% ~ 50% 范围内。由于端面摩擦力的作用，圆环试样压缩后自由侧表面呈鼓形，同时由于存在变形不均匀，上下接触面的内径不一定相等，为此应分别测量上下接触面的内径，为减少测量误差测量应相隔 120°进行测量，取三组数据的平均值作为上下接触面的内径，然后再对所得内径取平均值作为上下接触面的内径 R_4，见式 (2-19)。圆环压缩内径自由侧面所呈鼓形有两种情况，当摩擦系数较小时，鼓形如图 2-7(a) 所示，内径 R_i 采用式 (2-20) 计算；摩擦系数较大时，鼓形如图 2-7 (b) 所示，内径 R_i 采用式 (2-21) 计算。

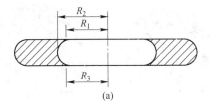

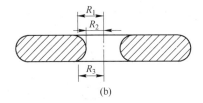

图 2-7 圆环压缩后内径变化

（a）$R_n < R_1$，$R_n < R_3$；（b）$R_1 < R_n$，$R_3 < R_n$

$$R_4 = \frac{R_1 + R_3}{2} \tag{2-19}$$

当 $R_n < R_1$，$R_n < R_3$ 时，圆环压缩后内径变化如图 2-7（a）所示。

$$R_i = \sqrt{R_4^2 + \frac{1}{3}R_4(R_3 - R_4) + \frac{7}{15}(R_3 - R_4)^2} \tag{2-20}$$

当 $R_1 < R_n$，$R_3 < R_n$ 时，圆环压缩后内径变化如图 2-7（b）所示。

$$R_i = \sqrt{R_4^2 - \frac{4}{3}R_4(R_4 - R_3) + \frac{8}{15}(R_4 - R_3)^2} \tag{2-21}$$

对 A6005 铝合金圆环在干摩擦下进行压缩实验，压下量控制在 30% ~ 50%，实验方案见表 2-5，实验压缩前后的圆环变形情况如图 2-8 所示，由图可知，圆环压缩后外径增大同时内径急剧减小，说明压缩过程中摩擦较大。

表 2-5 A6005 铝合金圆环压缩方案

变形温度/℃	350，400，450，500，550
上模速度/mm·min^{-1}	1
润滑条件	无
轴向压缩加工率/%	30 ~ 50

根据压缩公式，可得不同温度条件下的摩擦因子，见表 2-6，根据此结果可

图 2-8   A6005 铝合金试样压缩前后变形情况

得铝合金在无润滑条件下，其摩擦因子基本不受温度的影响，故可认为摩擦因子始终为最大值 1。

表 2-6   A6005 铝合金圆环压缩试验结果

温度/℃	高度压缩百分数/%	内径变化百分数/%	摩擦因子
550	42.0	−37.6	1
500	44.4	−38.1	0.98
450	46.2	−46.1	1
400	47.5	−45.7	0.96
350	46.0	−45.8	1

2.4.2   镁合金摩擦因子测定

对于 AZ91 镁合金的圆环压缩实验，其试样尺寸、设备条件与上述铝合金圆环压缩实验条件相同。实验方案见表 2-7，其中润滑剂为石墨乳，在上下模具表面均匀涂抹石墨乳后将圆环放在上下模具之间进行压缩实验，采用电阻炉加热到指定温度，压下量控制在 30% ~ 50% 之间。压缩后的圆环变形情况如图 2-9 所示，可见圆环压缩后内径减少，说明压缩过程中摩擦系数较大。根据压缩实验得到摩擦因子见表 2-8，可见在润滑条件相同的情况下，AZ91 镁合金与模具钢的摩擦因子随温度的升高而逐渐增大，在 450℃ 时摩擦因子为 0.54，在 300℃ 时摩擦因子为 0.36，数值模拟时可取其平均值 0.42 作为摩擦因子。

表 2-7   AZ91 镁合金圆环压缩方案

变形温度/℃	300，350，400，450
上砧速度/mm·min⁻¹	1
润滑条件	石墨乳
轴向压缩加工率/%	30 ~ 50

图 2-9　AZ91 镁合金试样压缩前后变形情况

表 2-8　AZ91 镁合金圆环压缩试验结果

温度/℃	高度压缩百分数/%	内径变化百分数/%	摩擦因子
450	31.0	−15.2	0.54
400	31.0	−9.5	0.42
350	29.2	−5.5	0.34
300	27.8	−4.2	0.36

参 考 文 献

[1] 曾攀. 有限元分析及应用[M]. 北京：清华大学出版社，2004.

[2] 方刚，王飞，雷丽萍，等. 铝型材挤压数值模拟的研究进展[J]. 稀有金属，2007，31 (5)：682～689.

[3] 牛济泰. 材料和热加工领域的物理模拟技术[M]. 北京：国防工业出版社，1999.

[4] 周计明，齐乐华，陈国定. 热成形中金属本构关系建模方法综述[J]. 机械科学与技术，2005，24(2)：212～217.

[5] Yuan H，Liu C W. Effect of the phase on the deformation behavior of Inconel 718[J]. Materials Science and Engineering A，2005，408(1～2)：281～289.

[6] 刘芳，单德彬，吕炎. 2070 铝合金本构关系的新模型[J]. 哈尔滨工业大学学报，2005，37(4)：449～452.

[7] 杨立斌，张辉，彭大暑. 7075 铝合金高温流变行为的研究[J]. 热加工工艺，2002(1)：3～5.

[8] 田村洋介，柳澤毅，気田悠作. AZ91マグネシウム合金の時効折出挙動および機械的性質に及ぼすマンガンの影響[J]. 軽金属，2007，57：450～456.

[9] 闫蕴琪，邓炬，张廷杰. AZ91 合金的压缩行为[J]. 稀有金属，2004，28(6)：1015～1018.

[10] 白亮，潘复生，杨明波. Mg-(6～8)Al-0.7Si 合金的组织和力学性能分析[J]. 重庆大学学报，2006，29(10)：96～99.

[11] 林治平. 由圆环镦粗试验测定塑性变形时的摩擦系数[J]. 锻压技术，1979，4(6)：17～26.

[12] 林治平. 关于圆环镦粗的数学解及其应用[J]. 锻压技术, 1980, 5(6): 1~11.

[13] 陈森灿, 刘小军, 孙世济, 等. 关于圆环压缩的数学解[J]. 清华大学学报. 1985, 25(2): 35~46.

[14] 日本塑性加工学会冷間鍛造分科会温間鍛造研究班. 温間加工用潤滑剤のリング圧縮試験による摩擦係数測定に関する于共同実験[J]. 塑性と加工, 1977, 18(202): 946~952.

[15] 江国屏, 梁人棋, 黄健宁, 等. 圆环塑性压缩试验的标定曲线[J]. 锻压技术, 1981, 6(3): 7~15.

焊合区网格重构技术

分流模挤压是铝合金管材及空心型材的主要加工方式，由于焊合过程是连接分流与成型过程的纽带。因此获得分流模模腔内金属焊合流变特征不但是准确判断挤压成型过程金属流变均匀性、焊缝形状与位置、合理的分流孔配置的首要判据；也是影响挤压产品质量和生产效率的关键因素，是近年来金属挤压领域备受关注的研究重点之一[1,2]。

空心型材挤压成型过程中，金属几乎在密闭的挤压筒及焊合室中流动，物理模拟方法很难获得准确全面的金属流动变形规律，目前数值模拟分析的方法是解决上述问题最为可行的方法。

但目前数值模拟技术无法模拟焊合面不能简化为刚性对称面的空心型材的瞬时焊合过程，主要是存在相互接触单元网格节点无法合并为一个节点，造成网格穿透，计算被迫停止的技术难题，为此作者等人提出了基于逆向工程技术的焊合面网格重构技术，进而实现了该类空心型材的瞬态模拟分析[3]。

3.1 分流模挤压模拟存在的主要问题

目前国内外采用有限元法获得了圆管、方管、冷凝器、口琴管挤压时的金属流动行为，死区分布，挤压力变化，温度场，模具受力及焊合质量等信息[4~9]。但上述空心型材断面存在一个共同特征，即建模时可将焊合面设置为刚性对称面，采用1/2、1/4或1/8的几何模型（焊合面为对称面）进行计算，进而对其分流模挤压的分流—焊合—成型阶段的瞬态过程进行模拟分析。

而当空心型材的焊合面无法设置为刚性对称面时，目前的有限元法计算，由于焊合接触面相互接触的网格单元节点不能合并为一个节点，使得计算过程焊合接触面的网格单元产生穿透，随着网格穿透量增加继而产生分离，如图3-1所示，从而导致模拟计算被迫终止。故无法完成从焊合开始到挤出模孔过程的模拟分析[10,11]。

对于此类问题，目前通常通过有限元的稳态挤压法进行计算，对于稳态挤压，即建模时，假定金属坯料已经完成分流—焊合—成型（挤出型材头部）三个阶段，根据计算所得的各种场量来预测型材成型及模具的合理性，如图3-2所示。通过此法可获得多腔壁板铝型材的挤压成型过程的速度场、温度场、应力场

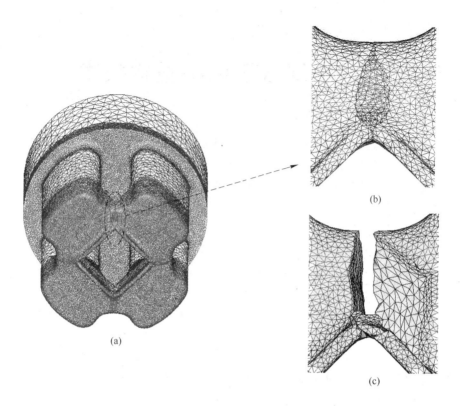

图 3-1　焊合区网格单元发生相互穿透及分离

（a）焊合过程有限元模型；（b）相互穿透的焊合区网格单元；（c）产生分离的焊合区网格单元

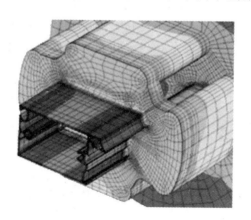

图 3-2　稳态挤压数值模拟分析

及金属流动情况；阻流块的截面形状对流速控制的关键作用[12,13]；列车车体型材挤压过程的金属流速及模具结构分析[14]。但由于稳态挤压模拟忽略了分流与焊合过程，因此不能再现密闭的模腔内的金属流变过程，对于具有多个焊缝的复杂断面空心型材，仅根据获得速度场、应力-应变场、温度场的分布情况很难准确判断金属流动不均是由哪些分流孔配置引起的。

有限体积法由于不存在网格重划分及穿透现象，虽然能够实现此类空心型材的分流模瞬态挤压模拟，但实际上焊合面两侧金属并没有焊合在一起，使得计算的焊合面两侧金属流速场不连续，不能预测焊合后金属的流变行为，挤出的型材表面产生弯曲和扭拧现象[15]，如图3-3所示。

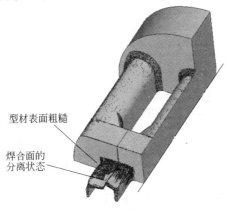

图 3-3　分流模挤压有限体积法模拟

同时由于有限体积法采用了空间不动的欧拉网格方法，网格节点不随着材料移动。模拟过程中无网格重划现象，不能对变形体进行局域网格细化处理，当网格单元尺寸较小时，模拟计算过程中常因网格数量过多而导致模拟计算终止。同时网格单元跟踪技术较差，当网格单元尺寸略大时，模拟过程中变形体表面粗糙，表面粗糙程度较大也将导致模拟计算终止。

3.2　基于逆向工程技术的 STL 模型的修复

3.2.1　STL 模型概述

STL（Stereolithography）文件是一种以三角形平面为基本单元来离散三维模型表面的三维实体表述文件[16]。有限元数值模拟过程时，STL 文件作为三维实体模型与数值模拟软件间数据交换的标准格式而被广泛应用。STL 文件中记录的是 CAD 实体在经过表面离散后产生的三角面片信息，包含了所有表面三角面片的三顶点坐标和面片法向数据。每一个三角形面片用三个顶点坐标 V_1、V_2、V_3 表示，每个三角形面片还必须有一个法向 $n_i(n_x, n_y, n_z)$ 来指明材料包含在面片的哪一边，如图3-4所示[16]。由多个这样的三角形面片无序地排列集合在一起而构成 STL 文件。

STL 文件一般有二进制和文本（即 ASCII）两种格式。正确描述三维实体数

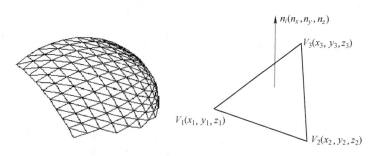

图 3-4　曲面 STL 文件的表示

据模型时其三角形必须遵循以下原则[17]。

（1）共顶点原则，每一个小三角形平面必须与每个相邻的小三角形平面公用两个顶点，即一个小三角形平面的顶点不能落在相邻的任何三角形平面的边上。

（2）取向规则，实际上规定了两个方面，首先为单个面片法向量右手定则，且其法向量必须指向实体外面，以及相邻面片的法向量协同，即将两个相邻面看成一个曲面，两个面片的法向应该指向这个合并曲面的同一侧。

（3）充满规则，小三角形平面必须布满三维模型的所有表面，不得有任何遗漏。

（4）取值规则，每个顶点的坐标值必须是非负的，即 STL 实体应该在第一象限。

3.2.2　STL 模型的修复方法

逆向工程（Reverse Engineering，RE）是对产品设计过程的一种描述，是将产品样件转化为 CAD 模型的相关数字化技术和几何模型重建技术的总称。重建后曲面的表示形式大致分为 3 类：一是分片连续的样条模型，二是由众多小三角形面片构成的多面体模型，三是细分曲面模型。由于三角形平面构造灵活、边界适应性好，当曲面表面数据离散较多，曲面边界和形状非常复杂时，通常采用三角形面片构造曲面。

目前市场上专用的逆向工程软件有 Imageware、Geomagic Studio、CopyCAD 等，而 Pro/Engineer 软件是集成了逆向功能模块的正向 CAD/CAE/CAM 软件，具有参数化和基于特征构建实体等特点，被广泛应用于汽车、航空航天、消费家电、模具开发等领域的实体建模，其逆向功能模块中的小平面特征可用来对三角形平面（STL 文件）进行修复及重构[18]。

但由于 STL 文件存在的错误类型多样性，因此很难同时考虑到所有错误类型，研究者往往只针对某些类型的错误提出特有的检验准则及修复算法[19~22]，然后通过程序对模型中所有的三角面片逐一进行检错。因此往往有部分复杂的错误无法识别或不易识别，无法针对错误种类进行自动纠错，使得目前的 STL 修复还只能停留在相对简单缺陷的修复上。

挤压过程属于金属的大变形过程，采用有限元模拟分流模挤压焊合过程中，焊合区附近网格畸变量非常大，并存在互相穿透，这使得由材料网格单元产生的 STL 文件的缺陷类型非常多，因此修复此类 STL 文件的判断准则很难确定，自动修复难度较大。目前只能采用人工修复方法对这类 STL 文件进行修复。

以 Pro/Engineer 软件中基于逆向功能模块的小平面特征作为修复平台，来修复分流模挤压焊合区的 STL 文件。其软件的小平面模特征模块的主要功能有在不损坏曲面的连续性的同时，删除不需要的三角形面片；添加所需要的小三角形面片；填充 STL 缺陷的间隙和漏洞；通过减小三角形面片的尺寸来改善 STL 文件的几何形状；通过迭代方式改变顶点坐标来平滑多边形曲面；反转有公共边的两个三角形平面的方向；通过分割现有小三角形平面或选取三个开放顶点来创建新的小三角形平面，从而添加小三角形平面。

正确巧妙地运用小平面特征进行各种基本操作，尽量简化人工修复过程，提高修复效率，最大限度地发挥人工修复的作用，应遵循以下修复准则[20~22]。

（1）以设计意图为修复准则。通常以错误元素相邻的拓扑结构为基础，如修复孔洞时，一般可遵循最小角度原则。

（2）修复过程中结合各种基本视图操作。通过各种显示模式的切换与组合，观察零件的各个层次，尤其是当错误元素细微难于观察时。

（3）遇到极难修复的错误，如内环重叠时，需要边修复边随时观察错误环（由所有相邻的错误边界组成的一个封闭环）的变化，保证错误环逐渐简化和缩小。

（4）当部分节点或边界被遮挡无法选取时，可以先删掉遮挡的面片，进行选择。完成需要的操作后，再修补还原先前被删掉的遮挡面片。

（5）对于不易修复的错误，可以先利用删除操作，选中错误区域的若干节点进行删除，使复杂的 STL 错误转化成系统容易识别和修复的孔洞错误，将错误种类进行简化，便于系统更好地修复。

3.2.3 STL 模型的修复过程

STL 文件缺陷的修复及重构过程如图 3-5 所示，图 3-5(a) 中节点 A 和 B 为同一顶点分离，修复方法是首先判断这些顶点之间的距离是否小于某个设定值 δ，若是，则将这些顶点归并成一个顶点，否则将节点 A 和 B 连接起来（虚线所示）。

当封闭折线重合于节点 B 与 C 的直线时，就违反了 STL 文件的共顶点原则，如图 3-5(b) 所示，由于顶点不重合导致每一对相邻的三角形公用顶点少于 2 个，此时三角形的顶点落在了相邻三角形的一条边上，但是没有出现裂缝，可以通过

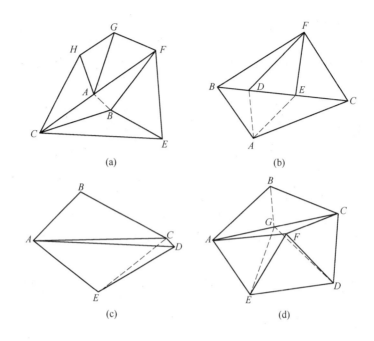

图 3-5 STL 模型的修复

（a）顶点分离；（b）折线重合；（c）边线长度相差过大；（d）边线长度相差不大

增减三角形的办法进行人工修复，如果三角形面片 *BDF*、*DEF*、*CEF* 面积较小，可将其删除，然后将节点 *B*、*F*、*C* 连接成一个三角形面片。或者，先将三角形面片 *ABC* 删除，然后增加三角形面片 *ABD*、*ADE*、*AEC*（如图虚线所示）。

三角形单元的边线的长度相差过大，即最小夹角小于 1.2°的三角形单元，会降低网格单元的质量，应对此类三角形单元进行处理，若小边的长度远小于中边，如图 3-5（c）中三角形面片 *ADC*，可删除该三角形单元，然后合并对应的 *C* 和 *D* 两个节点，并删除多余的边 *CD*；如果三角形其中的两个边线的长度相差不大，如图 3-5（d）中三角形面片 *AFC*，则沿大边 *AC* 的中点 *G* 将三角形面片 *ACB* 分成两个小三角形面片 *AGB* 和 *BGC*，并将节点 *F* 移至 *G* 点。

人工构建三角形面片时，其大小及形状应尽量与周围的三角形面片相等或相似，通过三点构建的三角形面片，如图 3-6 所示。

对图 3-6（a）中 1～5 号节点添加 3 个三角形面片，其步骤为，首先选择 1、2、3 号节点添加一个三角形面片，如图 3-6（b）所示；然后选择 1、3、4 号节点添加的三角形面片，如图 3-6（c）所示；其次选择 3、4、5 号节点添加的三角形面片，如图 3-6（d）所示。

为了提高 STL 模型的修复精度，采用小平面特征模块内的圆滑过渡生成方法，使得模型过渡圆角区域的小三角形平面平滑及曲率连续。通过细分小三角形

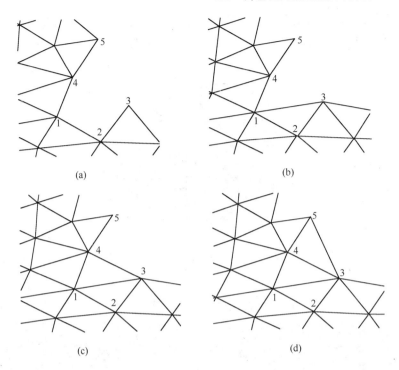

图 3-6　STL 模型的构建

（a）原始网络；（b）1 和 3 两点连线；（c）3 和 4 两点连线；（d）3 和 5 两点连线

面片使网格密度增大来改善 STL 模型的曲面连续性，细分方式有 3X 和 4X 分法，3X 分法是对选定区域中的每个三角形面片用 3 个三角形面片来替换，如图 3-7 所示。4X 分法是对选定区域中的每个三角形面片用 4 个三角形面片来替换。

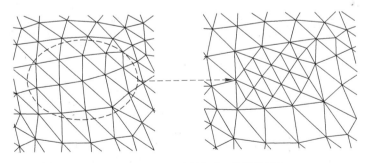

图 3-7　三角形面片的细化（3X 分法）

3.3　焊合区网格重构技术开发

3.3.1　焊合区网格的重构准则

分流模挤压时焊合面开始接触并相互穿透时的网格单元模型如图 3-8 所示，

挤压方向为沿图中 y 轴的正方向。其中，图 3-8（a）为三维整体模型视图；图 3-8（b）为沿 y 方向视图；图 3-8（c）为沿负 z 轴方向视图。

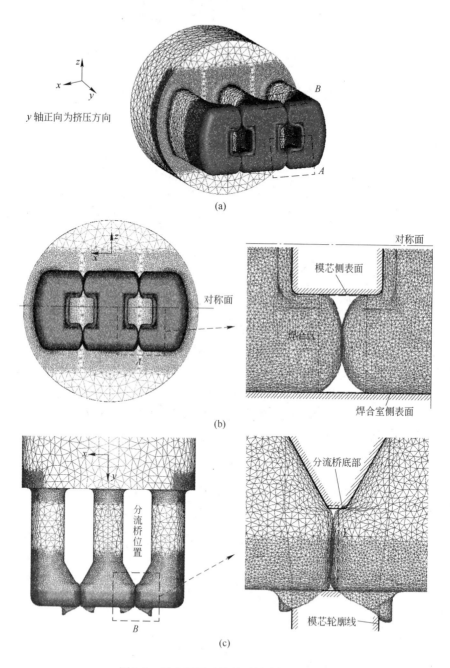

图 3-8　焊合面相互接触时的有限元模型

（a）整体模型；（b）xz 平面视图及局部 A 放大；（c）xy 平面视图及局部 B 放大

网格修复准则依据塑性成型体积不变原理，当焊合面网格单元相互穿透区域和未穿透区域的体积相等时，删除相互穿透区域同时填补未充满区域，保证变形体网格模型重构前后体积不变。

随着挤压行程的增加，焊合面网格的穿透模型如图 3-9（a）所示。图 3-9（b）所示为焊合面网格穿透区和尚未充满区域的几何示意图，其中阴影部分（实线边界的 *bdfe* 区域）为穿透区域，非阴影部分（实线边界的 *abc* 和 *fgh* 漏斗形区域）为尚未充满区域。

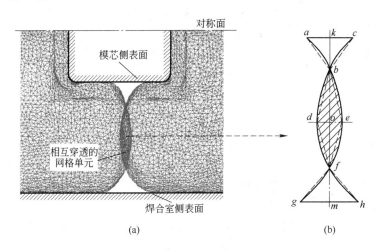

图 3-9　焊合面单元网格相互穿透时修复准则
（a）准备修复的模型；（b）几何示意图

网格修复时，将图 3-8（c）中 Ⅰ 区域所示的焊合面沿焊合室高度方向的轮廓简化为直线，则焊合面穿透区和尚未充满区域的体积可近似为：垂直于挤压方向的网格穿透区和未充满区域的面积［图 3-9（b）中阴影区域和漏斗形非阴影区域］与焊合室高度的乘积。由于焊合室高度为定值，通过对比焊合面穿透和尚未充满区域面积大小即可判断两者的体积是否相等。

由于图 3-9（b）以实线为边界的中阴影区域和漏斗形非阴影区域的弧线曲率及半径在实际模拟过程中难以测量，且面积精确计算较为烦琐，因此将图 3-9（b）中阴影区域的面积简化为以虚线为边界的 $\triangle bde$ 和 $\triangle fed$ 的面积，漏斗形非阴影区域的面积简化为以虚线为边界的 $\triangle abc$ 和 $\triangle fgh$ 的面积。当 $ac \times bk + gh \times fm = de \times bo + de \times fo$ 时，即 $\triangle bde + \triangle fed$ 和 $\triangle abc + \triangle fgh$ 的面积相等，开始对网格进行修复重构。

3.3.2　基于逆向工程技术的焊合区网格重构技术

基于 Deform-3D 有限元软件的模拟结果，结合修复准则，基于 Pro/Engineer

中的逆向工程技术，对焊合区产生穿透的网格进行重构，其主要步骤如下：

（1）采用有限元软件 Deform-3D 对分流模挤压过程进行模拟。通过绝对网格划分方法，采通过四面体网格单元划分金属变形体，对塑性变形较剧烈的分流孔入口及模孔入口处进行局部网格单元细化，模孔入口处网格单元尺寸最小，小于模孔型腔尺寸的1/3。

（2）采用分步法进行模拟，分流阶段及填充阶段的有限元计算步长为变形体最小单元尺寸的0.1～0.2倍，在焊合面网格单元将要相互接触前，将有限元计算步长改为变形体最小单元尺寸的0.005～0.03倍。

（3）根据焊合区网格重构准则，模拟过程中，当焊合面网格单元相互穿透区域和未穿透区域的体积相等时，在 Deform-3D 中，将此有限元网格实体模型转化为以小三角形面片为基本描述单元的三维面模型，即 STL（Stereolithography）模型。

（4）通过三维实体软件 Pro/Engineer 中的基于逆向工程技术的小平面特征技术对 STL 模型中相互穿透的焊合面三角形网格进行修复，删除产生穿透及畸变的三角形网格，然后依次选取三个相邻的顶点重新构建三角形网格。同时将焊合面尚未充满的区域表面用三角形面片单元进行填充，使得原始穿透区和未充满区重新形成一个由三角形面片单元构成的三维模型。

（5）在软件 Pro/Engineer 中采用3X分法（即每个三角形面片用3个三角形面片来替换）对重新构建的三角形面片进行细化，增大网格密度，提高 STL 模型的精度。

（6）将重构好的 STL 模型导入有限元软件 Deform-3D，对此 STL 模型重新划分四面体网格单元，重构好的网格模型如图3-10所示。

图3-10　重构后的有限元网格单元模型

（7）在 Deform-3D 中，对划分好的四面体网格模型添加原始单元节点数据，生成新数据文件，继续计算，完成分流模挤压焊合阶段及挤压全过程的模拟分析。图 3-11 所示为整个网格重构过程的流程图。

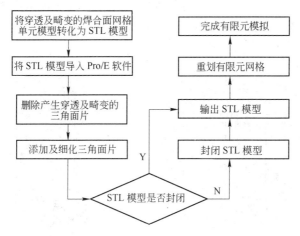

图 3-11 有限元网格重构流程图

3.4 焊合区网格重构技术的可行性分析

3.4.1 几何模型及边界条件

为了检验采用上文所述的网格重构技术时所得计算结果的可行性和精度，本节以方管为例，以焊合面设为刚性面的计算结果为标准，检验采用焊合面网格重构技术的计算结果。

方管尺寸、焊合面位置及模具结构示意图如图 3-12 所示[23]。根据图 3-12（b）所示的模具结构可知，焊合面与方管的对角线位置一致。当取 1/4 ［图 3-12（a）中阴影部分］进行模拟时，则计算对象内包含了焊合面，需采用网格重构技

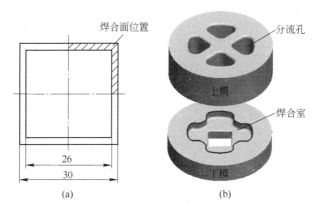

图 3-12 方管断面尺寸及分流模实体模型

（a）方管尺寸；（b）模具实体

术。几何模型及网格划分如图3-13(a)所示。根据其对称性特点，也可取1/8 [图3-12(a)中阴影部分的一半]进行模拟，此时焊合面被简化为刚性面，计算时不会产生网格穿透现象，不需要进行网格修复，几何模型及网格划分如图3-13 (b)所示。

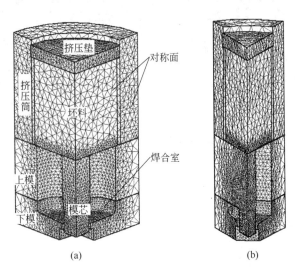

(a)　　　　　　　　　　(b)

图3-13　几何模型及网格划分

(a) 1/4 模型；(b) 1/8 模型

方管尺寸为$L \times t = (30 \times 2)$mm（$L$为边长，$t$为壁厚），坯料直径为$\phi 90$mm、挤压筒直径$\phi 95$mm、挤压比31.6、分流比12.6。挤压的初始工艺条件为坯料（A6005 铝合金）温度480℃、挤压筒温度400℃、模具（H13 热作模具钢）温度450℃、挤压垫温度30℃，挤压轴速度4mm/s。坯料和模具之间选用剪切摩擦模型，摩擦因子$m = 1$。

3.4.2　金属流变行为对比分析

方管挤压过程计算结果，如图3-14～图3-16 所示[23]。由图可得，从挤压镦粗开始到分流阶段与焊合面焊合前，采用1/4 和1/8 几何模型时数值模拟结果完全一致。

焊合过程的模拟分析如图3-17 所示，从即将焊合到焊合面开始接触瞬间，采用1/4 和1/8 几何模型时数值模拟也完全一致，如图3-17 (a)～(c)所示。当挤压行程为30.95mm 时，采用1/4 模型进行模拟，根据修复准则，此时焊合

图3-14　镦粗阶段（1/4 模型、1/8 模型，行程为 8.2mm）

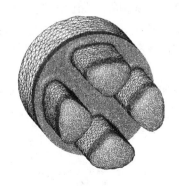

图 3-15 分流阶段（1/4 模型、
1/8 模型，行程为 27.4mm）

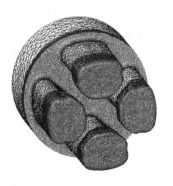

图 3-16 焊合面接触前（1/4 模型、
1/8 模型，行程为 30.2mm）

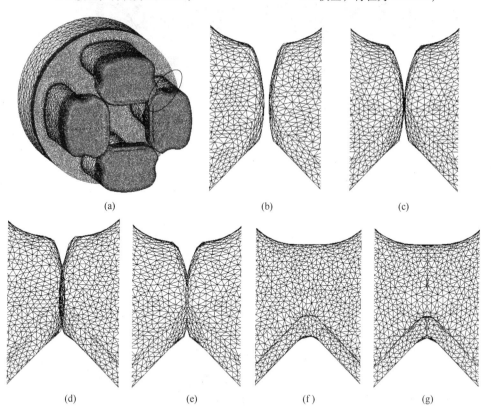

图 3-17 焊合过程模拟分析

（a）焊合面即将产生接触；（b）即将开始产生焊合（1/4 模型、1/8 模型，行程 30.85mm）；
（c）开始焊合（1/4 模型、1/8 模型，行程 30.90mm）；（d）焊合区网格修复前（1/4 模型，
行程 30.95mm）；（e）焊合过程（1/8 模型，行程 30.95mm）；（f）焊合区网格重构后
（1/4 模型，行程 30.95mm）；（g）焊合面完全焊合（1/8 模型，行程 31.05mm）

面相互穿透的网格单元区域和焊合面未充满区域面积相等,如图 3-17(d)所示。
重构后的焊合面网格,如图 3-17(f)所示。此时对应的 1/8 模型的计算结果如图
3-17(e)所示,由于焊合面为刚性面,因此无网格穿透现象,当挤压行程增为
31.05mm 时,焊合面完全焊合,如图 3-17(g)所示。

　　采用两种方法挤出的方管外形,如图 3-18 所示。由图可见,两种方法挤出
的方管外形吻合较好。由于网格重构法与刚性面法的计算结果相比,仅相差了
0.15mm 挤压行程,因此对于计算结果影响较小。

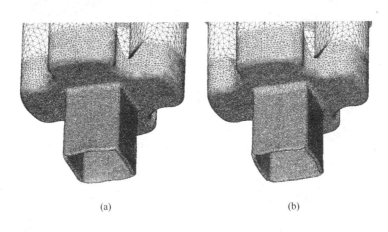

(a)　　　　　　　　　　　　　　(b)

图 3-18　挤出方管外形

(a) 1/4 模型(需要进行焊合面修复的情况);(b) 1/8 模型(无需进行焊合面修复)

3.4.3　场量对比分析

　　挤压过程的温度分布是其合理工艺制定的重要指标之一,采用两种方法获得
的稳态挤压时温度场分布,如图 3-19 所示。由图可知,根据采用 1/4 模型和 1/8
模型所得的计算结果,在 Ⅰ(挤压筒内)和 Ⅲ(模孔和挤出型材部分)区域,
两个模型计算的温度场分布基本一致。在 Ⅱ(分流孔和焊合室部位)区域,两
个模型计算的温度场分布有差异,但在此区间内两者由 E 到 G 线的温升仅差
1℃,同时整个模拟结果的最高温度差仅为 5℃。以无网格重构的 1/8 模型为比较
基准,焊合面网格重构后计算所得温度场的偏差小于 1%。

　　焊合室内静水压力是表征型材焊合质量的重要指标。采用 1/4 模型和 1/8 模
型,稳态挤压时的静水压力分布如图 3-20 所示。由图可知,两个模型计算所得
的焊合室内的静水压力分布基本相同,但数值上,1/4 模型比 1/8 模型的计算结
果高了 7MPa。以无网格重构的 1/8 模型为比较基准,网格重构后计算所得的静
水压力场偏差小于 2%。

　　综合上述挤出型材外形、温度场及静水压力场的计算结果可以看出,基于焊

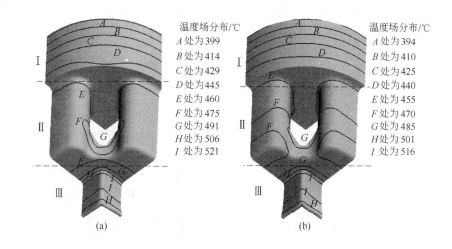

温度场分布/℃		温度场分布/℃
A 处为 399		A 处为 394
B 处为 414		B 处为 410
C 处为 429		C 处为 425
D 处为 445		D 处为 440
E 处为 460		E 处为 455
F 处为 475		F 处为 470
G 处为 491		G 处为 485
H 处为 506		H 处为 501
I 处为 521		I 处为 516

图 3-19 挤出方管外形

（a）1/4 模型；（b）1/8 模型

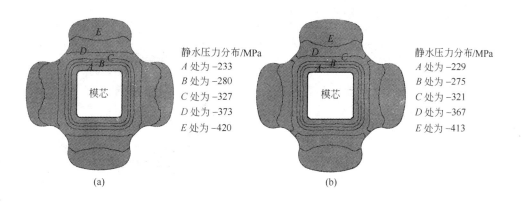

静水压力分布/MPa		静水压力分布/MPa
A 处为 –233		A 处为 –229
B 处为 –280		B 处为 –275
C 处为 –327		C 处为 –321
D 处为 –373		D 处为 –367
E 处为 –420		E 处为 –413

图 3-20 稳态时静水压力场分布

（a）1/4 模型；（b）1/8 模型

合面网格修复技术对焊合过进行模拟是可行的，具有令人满意的模拟精度。

3.5 在小断面空心型材中的模拟与验证

3.5.1 焊合过程金属流动行为

为进一步分析焊合区网格重构技术可行性，根据小断面空心型材结合在 650t 挤压机上的挤压实验，对其焊合过程金属流动行为进行分析[23]。

空心铝型材模具结构及尺寸如图 3-21 所示。由图 3-21（a）中上模的 4 个分流孔的配置可知，型材的焊合面位置与中心水平线成45°，因此焊合面无法简化为刚性对称面，须采用网格重构方法才能进行挤压模拟计算。坯料直径、挤压筒直径、摩擦边界条件及挤压工艺条件与3.4.1节中相同。挤压比为29.1，分流比为10.7。同时为了便于观测焊合室内焊合面位置，挤压前在模具内表面涂敷少量石墨乳。

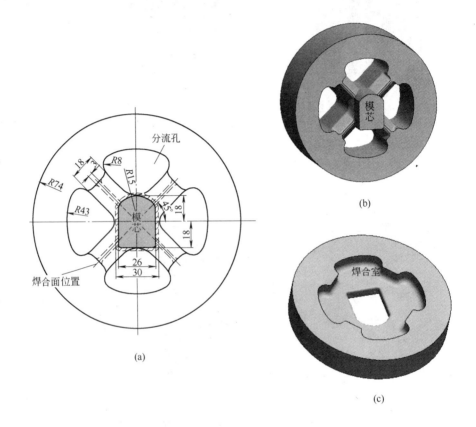

(a)

(b)

(c)

图3-21 模具结构及主要尺寸图
(a) 上模及型材尺寸；(b) 上模；(c) 下模

当挤压行程达到33.1mm时，提取相互穿透的网格模型，如图3-22(a)所示，采用上述网格重构方法进行重构后的有限元模型如图3-22(b)所示。然后在有限元软件Deform-3D中对重构模型添加单元节点数据，继续计算，从而完成挤压焊合及成型过程的模拟分析。

图3-23所示为型材在挤压各阶段的金属流动行为。由图可知，在分流阶段，如图3-23(a)所示，金属在分流桥的作用下被拆分为4股进入分流孔，由于各分流孔面积、各分流孔与挤压筒中心距离基本相等，因此4分流孔内挤出金属的长

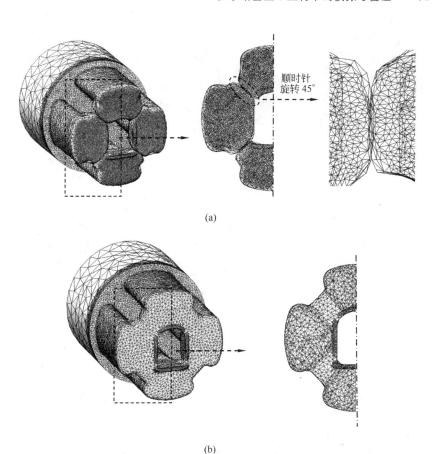

(a)

(b)

图 3-22　焊合面网格重构情况

（a）焊合面穿透网格现象（行程 33.1mm）；（b）重构后的有限元网格模型

度及流速基本相同。

在填充焊合阶段，4 股金属相继与焊合室底面接触，形成径向流动并围绕模芯开始填充焊合室。从挤压焊合室的填充初始阶段到焊合完成的整个金属流动过程，如图 3-23 中（b-Ⅰ）~（b-Ⅴ）所示。随着挤压行程的增加，焊合面逐渐靠近，当挤压行程为 32.9mm 时，焊合面开始接触。当挤压行程为 33.1mm 时，开始采用本书提出的重构方法进行网格重构，即对于数值模拟结果而言，可认为已经完全焊合，如图 3-23（b-Ⅳ）所示。而此时实验的焊合情况如图 3-23（d）所示。可见两者的焊缝位置吻合较好。

型材成型阶段，焊合室已经被金属完全填充满，如图 3-23（b）中行程为 33.6mm 的情况。此时开始进入稳态挤压阶段，挤出的型材外形如图 3-23（c）所示。

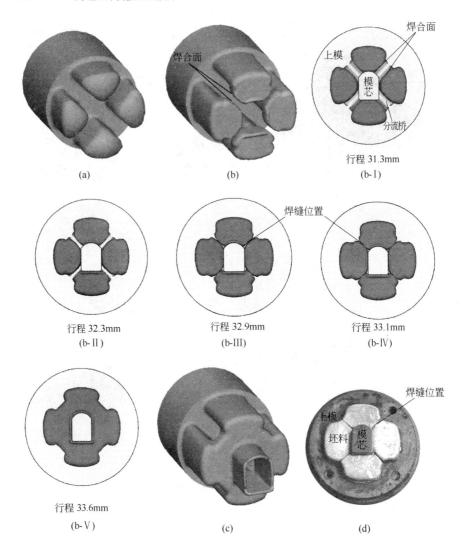

图 3-23 挤压全过程金属流动行为

（a）分流过程（行程 19.8mm）；（b）焊合过程；

（c）成型过程（行程 35.0mm）；（d）实验结果

3.5.2 挤压力分析

对于焊合面无法简化为刚性对称面的空心型材，目前有限元法只能对分流和成型阶段进行模拟，因而无法获得此类型材挤压力的连续曲线，而通过焊合面网格重构技术可以获得[24]。

图 3-24 所示为某工业型材断面形状与尺寸。挤压比为 31.3，分流比为 13.6。

挤压的初始工艺条件为摩擦条件仍与3.4.1节相同。

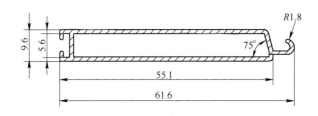

图 3-24 型材断面尺寸

　　模具有2个形状、面积相等的分流孔，挤压时金属在分流桥的作用下被拆分为2股进入分流孔，随着行程的增加，2股金属同时与焊合室底面接触，形成径向流动并围绕模芯开始填充焊合室。当挤压行程为30mm时，模拟和实验结果的对比如图3-25所示，由图可知，两者焊合面相距情况大致相同，进一步说明数值模拟的金属流动行为可为实际提供理论参考。

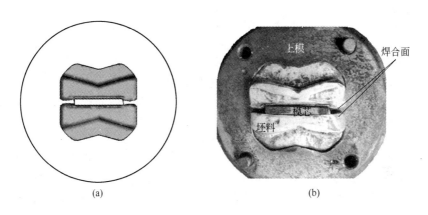

图 3-25 焊合过金属流动

(a) 模拟结果；(b) 实验结果

　　挤压全过程挤压力的变化曲线如图3-26所示，整个过程分为5个阶段，其中图3-26中 a～g 为各阶段对应的金属流动情况。OA 阶段为充满挤压筒阶段，其中 A 点为金属的突破分流点，挤压力直线增加，此时的金属流动行为如图3-26中的 a 所示。AB 段为分流阶段，挤压力平缓，金属流动情况如图3-26中的 f 所示。BC 段为金属开始挤入焊合室（图3-26中的 b）到与焊合室底面开始接触（图3-26中的 c）阶段，此阶段挤压力陡然增加。随着挤压行程的增加，金属开始围绕模芯填充焊合室（图3-26中的 g），此时挤压力急剧增加（CD 段），在挤出型材头部瞬间时挤压力达最大（D 点），挤出型材头部如图3-26

中 d 所示。随后挤压力下降，挤压进入稳态阶段（*DE* 段），挤出型材如图3-26
中 e 所示。

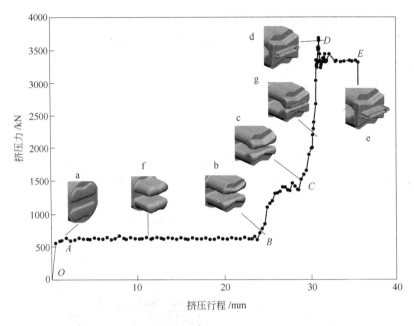

图 3-26 挤压力行程曲线

3.5.3 模芯弹性变形分析

对于图 3-27 所示的断面型材，其挤压模具有 3 个形状尺寸相同的分流孔，
型材实心部分主要分布在模具左侧，空心部分设计在模具的中心，为了平衡此部
分的金属流速，在焊合室底面设有高度为 4mm 的凸台，以阻碍此部分的金属流
动，如图 3-28 所示。由于其模芯直径为 6mm，并且挤压过程金属需要在焊合室
内重新进行均匀分布，分析此类模具的模芯强度、弹性变形情况是合理设计模
具，保证型材尺寸精度的关键因素。挤压模拟的初始工艺条件为摩擦条件仍与
3.4.1 节相同。

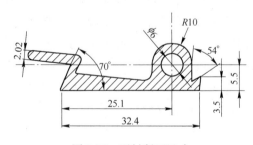

图 3-27 型材断面尺寸

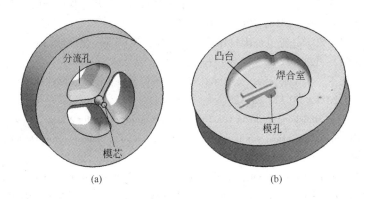

图 3-28 模具实体模型

（a）上模实体模型；（b）下模实体模型

模芯受不均应力作用而产生的弹性偏移是型材断面壁厚偏差的主要因素之一。由图 3-29 可知，模芯最大弹性偏移量仅为 0.083mm，图中箭头方向为模芯弹性变形方向，即由模芯偏移引起的挤出方管型材壁厚偏差约为 ±0.08mm。根据铝型材国家标准（GB 5237.1—2004），当型材壁厚为 2mm 时，允许偏差为 ±0.2mm，可见其值远小于国家标准，挤出型材符合质量要求。

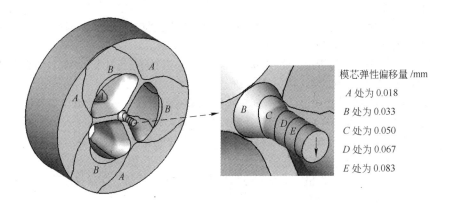

模芯弹性偏移量 /mm

A 处为 0.018

B 处为 0.033

C 处为 0.050

D 处为 0.067

E 处为 0.083

图 3-29 模芯弹性偏移量

参 考 文 献

[1] 谢建新，刘静安. 金属挤压理论与技术[M]. 2 版. 北京：冶金工业出版社，2012.

[2] 谢建新. 金属挤压技术的发展现状与趋势[J]. 中国材料进展，2013，32(5)：254~263.

[3] 谢建新，黄东男，李静媛，张志豪. 一种空心型材分流模挤压焊合过程数值模拟技术：中国，200910088960.7[P]. 2010-10-27.

[4] 黄东男，李静媛，张志豪，谢建新．方形管分流模双孔挤压过程中金属的流动行为[J]．中国有色金属学报，2010，20(3)：487~495．

[5] 邸利青，张士宏．分流组合模挤压过程数值模拟及模具优化设计[J]．塑性工程学报，2009，16(2)：123~127．

[6] 唐鼎，邹天下，李大永，等．亚毫米孔径微通道铝合金管挤压成形的数值模拟[J]．塑性工程学报，2011，18(3)：25~29．

[7] Liu Peng, Xie Shuisheng, Cheng Lei. Die structure optimization for a large, multi-cavity aluminum profile using numerical simulation and experiments[J]. Materials and Design, 2012, 36: 152~160.

[8] Zhang Shenggun, Zhao Guoqun, Chen Zhiren, et al. Effect of extrusion stem speed on extrusion process for a hollow aluminum profile[J]. Materials Science and Engineering B, 2012, 117 (19): 1691~1697.

[9] Liu G, Zhou J, Duszczyk J. FE analysis of metal flow and weld seam formation in a porthole die during the extrusion of a magnesium alloy into a square tube and the effect of ram speed on weld strength [J]. Journal of Materials Processing Technology, 2008, 200: 85~98.

[10] Zhang Zhihao, Hou Wenrong, Huang Dongnan, et al. Mesh reconstruction technology of welding process in 3D FEM simulation of porthole extrusion and its application[J]. Procedia Engineering, 2012, 36: 253~260.

[11] 张志豪，谢建新．挤压模具数字化设计与数字化制造[J]．中国材料进展，2013，32 (5)：293~299．

[12] 徐磊，赵国群，张存生，等．多腔壁板铝型材挤压过程数值模拟及模具优化[J]．机械工程学报，2011，47(22)：61~68．

[13] 喻俊荃，赵国群，张存生，等．阻流块对薄壁空心铝型材挤压过程材料流速的影响[J]．机械工程学报，2012，48(16)：52~58．

[14] 宋佳胜，林高用，贺家健，等．列车车体106XC型材挤压过程数值模拟及模具优化 [J]．中南大学学报（自然科学版），2012，43(9)：3372~3379．

[15] 和优锋，谢水生，程磊，等．蝶形模具挤压过程的数值模拟[J]．中国有色金属学报，2011，21(5)：995~1001．

[16] 肖棋，林俊．STL文件格式在反求造型中的应用[J]．华侨大学学报（自然科学版），2006，27(3)：284~288．

[17] 李江峰，钟约先，李电生．STL文件缺陷分析及算法研究[J]．机械设计与制造，2002 (2)：40~43．

[18] Leong K F, Hua C K, Ng Y M. Tudy of stereolithography file errorsand repair. Genericsolution [J]. International Journal of Advanced Manufacturing Technology, 1996, 12(6): 407~414.

[19] 唐杰，周来水，周儒荣，等．STL文件修复算法研究[J]．机械科学与技术，2000，19 (4)：677~679．

[20] 赵吉宾，刘伟军，王越超．STL文件的错误检测与修复算法研究[J]．计算机应用，2003，23(2)：32~36．

[21] 周华民，成学文，刘芬．STL文件错误的修复算法研究[J]．计算机辅助设计与图形学学

报，2005，17(4)：761~767.

[22] 袁平. 逆向工程技术的研究与工程应用[D]. 昆明理工大学，2002.

[23] 黄东男. 模具结构对铝合金挤压流动变形行为的影响[D]. 北京：北京科技大学，2010.

[24] 黄东男，于洋，宁宇. 分流模挤压非对称断面铝型材有限元数值模拟分析[J]. 材料工程，2013(3)：32~37.

瞬态挤压过程温度场模拟

大断面或复杂断面空心铝型材挤压时，金属在分流和焊合过程中流动复杂，温度不断变化，容易引起模具的局部温升和变形区金属温度不均匀分布，进而影响挤压型材的质量和模具的强度。因此，实现挤压分流和焊合过程温度场的准确预测，是正确设计模具、合理选择工艺参数，实现对挤压产品组织性能精确控制的重要理论基础[1,2]。

目前有限元数值模拟技术广泛应用于挤压过程温度场模拟[3~6]，但对于焊合面无法简化为刚性对称面的空心型材，目前只能通过稳态挤压过程对其温度场进行预测[7~9]。但是其忽略了分流模挤压最为关键的焊合过程，无法讨论焊合瞬间温度变化对其组织和成型性能的影响[10~12]。

基于焊合区网格重构法的瞬态挤压可实现这一过程的模拟分析。为此以典型大断面铝合金空心型材分流模挤压成型为实例，通过对比瞬态和稳态模拟结果，分析变形金属在分流、焊合和从模孔挤出成型各个阶段中的温度场变化，讨论挤压速度和坯料温度对模孔出口处型材断面温度不均匀性的影响。

4.1 模型构建

图 4-1 所示为一种工业用大断面铝合金空心型材的断面形状与尺寸，型材最大宽度为 296.9mm，断面面积为 2937.7mm²，中间部分为悬臂梁，两端为对称分布的多边形孔，壁厚均为 5.6mm。

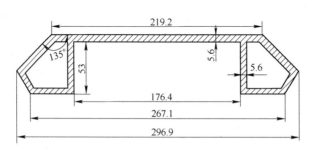

图 4-1　型材断面形状及尺寸

模具基本结构如图 4-2 所示。其中图 4-2（a）中箭头所指的区域分别为型材的 5 个挤压焊合区的位置；图 4-2（b）为上模仰视图，4 个分流孔的编号分别为 1 ~

4，图4-2(c)为下模俯视图，设有4个调节均衡金属流动的凸台。考虑到模具和型材结构具有对称性，所以为减少单元网格数量节省计算时间，取1/2模型进行计算[13]，此时将焊合区Ⅲ所在的流动对称面A—A简化为刚性对称面，因此实际计算中只存在Ⅰ和Ⅱ两个焊合区。

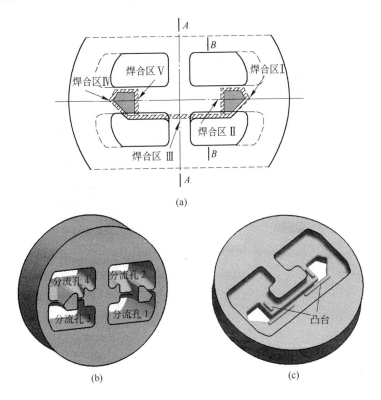

图4-2 焊合区位置及模具结构示意图

(a) 焊合面位置；(b) 上模；(c) 下模

采用Deform-3D软件进行数值计算，挤压筒直径ϕ320mm、坯料长度400mm，挤压比为28.8，分流比为9.8。

挤压材料为6005A铝合金，密度为2700kg/m³，比热容为940J/(kg·℃)，热导率为180W/(m·℃)。工模具材料为H13热作模具钢，密度为7850kg/m³，比热容为407J/(kg·℃)，热导率为25W/(m·℃)。

根据有关文献资料[14,15]，设定挤压坯料初始温度为480~520℃，垫片初始温度30℃，挤压筒加热温度比坯料初始温度低30℃，模具初始温度比坯料初始温度低40℃。坯料与工模具之间的换热系数为11N/(mm·s·℃)，工模具与空气之间的换热系数为0.06N/(mm·s·℃)。

坯料与垫片、挤压筒和模具之间的摩擦设为剪切摩擦模型，表示为$\tau = m\sigma/$

$\sqrt{3}$，其中 m 为摩擦因子，σ 为坯料的流动应力。设定摩擦因子 $m=1$。坯料与定径带之间的摩擦设为库仑摩擦模型，表示为 $\tau=\mu\sigma_n$，其中 μ 为摩擦系数，σ_n 为坯料与定径带之间的接触法向应力。本节取摩擦系数 $\mu=0.4$。

4.2　分流过程温度分析

在分流阶段，变形金属被分流桥拆分为 4 股。在挤压行程分别为 24mm 和 42mm 时，分流孔 1 和 2 中的金属温度分布如图 4-3 所示。图中大平面为对应于图 4-2(a) 的 A-A 对称面。图 4-3 表明，分流阶段分流孔 1 内的金属流动快，且温度高于分流孔 2 内的金属温度，最高温度出现在金属流束的根部。

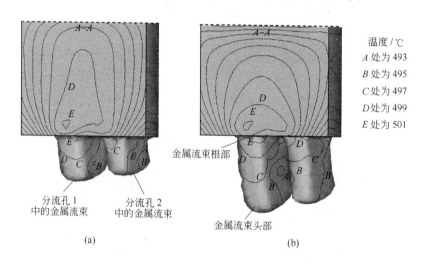

图 4-3　分流阶段金属的温度分布[16] （A—A：参见图 4-2 （a），
坯料温度为 500℃，挤压速度为 1.0mm/s）
（a）挤压行程为 24mm；（b）挤压行程为 42mm

分流孔 1 和分流孔 2 中的金属等效应变和速度大小分析结果如图 4-4 所示。由图可知，当挤压行程为 24mm 时，分流孔 1 内金属流动速度值大小比分流孔 2 的高约 45%，因而单位时间内分流孔 1 内的金属与分流孔壁之间的摩擦生热较多。此外，分流孔 1 内金属流束根部的等效应变比分流孔 2 的高约 33%，这表明分流孔 1 入口处的金属塑性变形较剧烈，产生的变形热较多。因此，如图 4-3 所示，分流孔 1 内的金属温度较高。

图 4-3 所示结果为分流阶段金属流束的表面温度分布，而金属流束内部［相当于图 4-1(a)B—B 剖面］的温度分布情况如图 4-5 所示。金属内部温度分布与表面温度分布的情况类似，也是分流孔 1 内的金属温度高于分流孔 2 内的金属温度，最高温度出现在金属流束的根部。但是总体来说金属流束内部温度比表面温

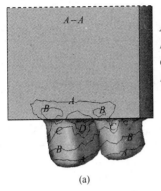

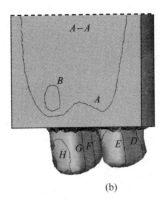

图 4-4 挤压行程 $S = 24$mm 金属的等效应变和速度分布[16]

（坯料初始温度 500℃，挤压速度 1.0mm/s）

（a）等效应变分布；（b）速度分布

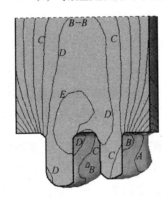

图 4-5 挤压行程 $S = 24$mm 时金属的内部温度场（B—B 剖面）

度要高，这主要是由于金属流束表面与模具直接接触从而散热较多导致的。

图 4-6 所示为挤压筒内金属不同位置质点的温度在分流阶段随挤压行程的变化情况。图 4-6(a) 为挤压开始前的质点位置，用 $P_1 \sim P_5$ 表示，图 4-6(b) 为挤压行程 $S = 42$mm 时的质点位置，用 $P_1' \sim P_5'$ 表示。

由图 4-6 (c) 可知，分流过程中不同位置质点的温度变化趋势不同。靠近挤压筒壁的质点温度首先产生较明显的下降，然后缓慢降低，如 $P_1 \rightarrow P_1'$ 曲线。靠近心部的质点温度初期下降幅度较小，后期温度略有升高，如 $P_3 \rightarrow P_3'$、$P_4 \rightarrow P_4'$、$P_5 \rightarrow P_5'$。这主要是由于挤压分流阶段金属经历复杂的传热过程，其中包括塑性变形功转化的热、摩擦产生的热、金属与工模具之间热传导散热以及金属内部不同温度区域的热传导。边部质点（如 P_1）靠近挤压筒壁，处于挤压死区位置，几乎不发生流动和变形，因此塑性变形生热和摩擦生热较少，通过挤压筒和模具

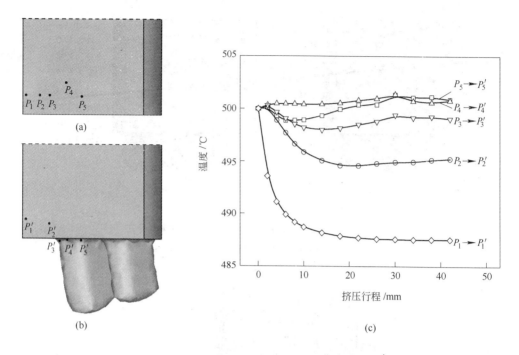

图 4-6　挤压筒内金属坯料不同位置质点的温度随挤压行程的变化[16]

（a）初始点（挤压前）；（b）挤压行程为 42mm；（c）挤压行程与温度变化曲线

的散热导致其温度一直下降，且初期由于坯料与工模具的温差较大而产生较明显的温度下降。心部质点（如 $P_3 \sim P_5$）由于远离挤压筒壁，通过挤压筒和模具散失的热量较少，因此初期温度不会出现明显下降，且由于进入分流孔时发生剧烈塑性变形产生较多变形热，后期温度呈升高趋势。介于金属坯料边部和心部的质点（如 P_2），在变形热、摩擦热和工模具散热的综合作用下，温度首先产生一定的下降然后基本保持不变。

　　上述分析表明，不同部位的金属质点在分流阶段经历了不同的热环境和热交换，从而产生了不同的温度变化，导致金属中存在温度不均匀分布。

4.3　焊合过程温度分析

　　当流出分流孔的金属流束进入焊合室后，随挤压行程的增加，金属开始接触焊合室底部进而围绕模芯填充焊合室，直至金属流束之间完全实现焊合。图 4-7 所示为焊合阶段金属表面温度分布，其中图 4-7（a）所示为分流孔内流出的金属刚接触焊合室底面时的金属表面温度分布，图 4-7（b）所示为焊合区 I 将要开始焊合时的金属表面温度分布，图 4-7（c）所示为焊合完成时的焊合室底面金属温度分布。

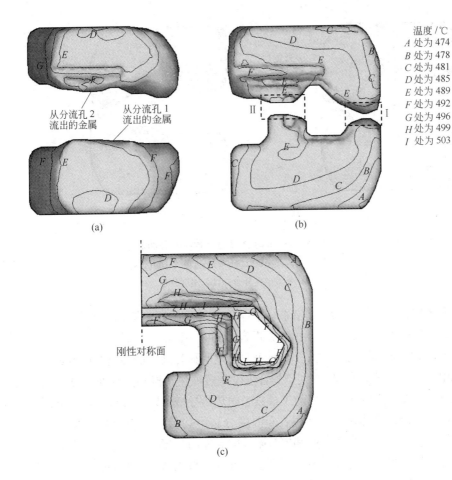

图 4-7 焊合阶段焊合室底面金属温度分布（坯料初始温度 500℃，挤压速度 1.0mm/s）

(a) 挤压行程为 54mm；(b) 挤压行程为 64mm；(c) 挤压行程为 68mm

由于模具初始温度（460℃）低于分流孔内金属流束的头部温度（约495℃），金属流束接触焊合室底面后与模具之间进行传热，导致表面温度明显下降，最低降至 480℃左右，如图 4-7(a)所示。

随着挤压的进行，金属围绕模芯填充焊合室。焊合区两侧的金属将要接触时的温度分布如图 4-7(b)所示。由图 4-7(b)可见，焊合区 I 和焊合区 II 附近的金属表面温度较高，约为 489~492℃，而边角处温度较低，约为 474℃。该挤压行程时焊合室内金属的等效应变和速度大小分布如图 4-8 所示。可以看到，焊合区 I 和焊合区 II 附近金属的等效应变和流动速度均较大，导致该处金属单位时间内的摩擦生热以及变形生热较多，因而温度较高；而焊合室边角部的金属几乎不流动，形成死区，因此摩擦生热和变形生热较少，且该处金属通过与模具传热导致散热较多，温度下降约 20℃。

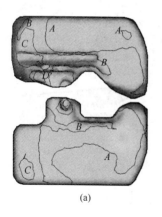 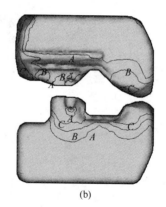

等效应变
A 处为 0.90
B 处为 1.80
C 处为 2.70
D 处为 3.60

速度 /mm·s⁻¹
A 处为 0.50
B 处为 1.67
C 处为 2.83

(a)   (b)

图 4-8   挤压行程 S = 64mm 时金属的等效应变分布和速度分布[16]

（坯料初始温度 500℃，挤压速度 1.0mm/s）

（a）等效应变分布；（b）速度分布

　　进入焊合室内的金属继续沿平行于焊合室底面流动，直至焊合区 I 和焊合区 II 完成焊合，如图 4-7（c）所示。由于在焊合的同时不断有型材从模孔先行流出，导致模孔附近的金属塑性变形较大，金属表面温度明显升高，最高温度达 503℃ 左右。

　　由图 4-7 和图 4-8 可以看到，焊合阶段在多种热转换和热交换（塑性变形功转化的热、摩擦产生的热、金属与工模具之间热传导散热以及金属内部不同温度区域的热传导）的综合作用下，金属表面温度分布不均匀性较为明显，如图 4-7(c) 所示，焊合结束后焊合室边角部和模芯附近的温差高达 25℃。这种温度不均匀分布还将遗传到挤压模孔出口处型材横断面上，导致型材横断面上的温度分布不均匀。

　　图 4-7 所示为焊合阶段焊合室内金属的表面温度分布，而焊合室内（取焊合室 1/2 深度处横断面）的金属内部温度分布情况如图 4-9 所示。可见，金属内部

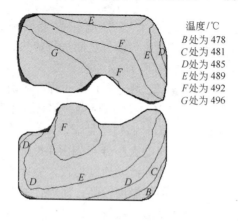

温度 /℃
B 处为 478
C 处为 481
D 处为 485
E 处为 489
F 处为 492
G 处为 496

图 4-9   焊合室内的金属温度分布（坯料初始温度 500℃，挤压速度 1.0mm/s，行程为 64mm）

温度分布与表面温度分布的情况类似，但总体上金属内部温度比表面温度要高。

焦合后在稳态挤压的初始阶段，整个变形体的温度场分布如图 4-10 所示。由图可知，从挤压轴到模孔，沿挤压方向，金属温度逐渐升高。由于计算过程中假定挤压垫的温度为 30℃，因此挤压垫对坯料后端产生了较大的冷却作用，使得温度降低了 93℃。在模孔部位由于塑性变形最为剧烈，因此温度最高。对于挤出型材头部，由于没有变形，并且开始置于空气中，因此温度开始下降。

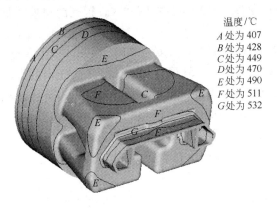

温度/℃
A 处为 407
B 处为 428
C 处为 449
D 处为 470
E 处为 490
F 处为 511
G 处为 532

图 4-10 温度分布（行程 72mm，挤压速度 1.0mm/s）

4.4 模孔出口处型材的温升

为了研究分流和焊合过程对模孔出口处型材温度的影响，采用网格重构法（挤压过程瞬态模拟）和稳态模拟法（挤压稳态模拟）两种方法，对空心型材分流模挤压成型过程温度变化进行了数值分析。

图 4-11 所示为挤压速度 1.0mm/s 和 3.0mm/s 时，采用两种模拟方法得到的挤压过程中不同阶段变形金属最高温度随挤压行程变化曲线的比较。在分流和焊

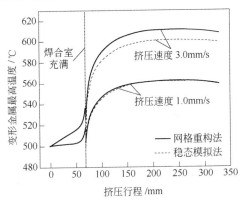

图 4-11 随着行程的增加金属的最高温度变化情况

合阶段，由采用网格重构模拟方法的计算结果可知，变形金属的最高温度始终在分流孔入口处金属流束根部（如图4-3所示），此处温度随挤压行程的变化曲线如图4-11中焊合室充满之前实线所示；在稳定挤出阶段（挤压行程大于68mm），两种模拟方法所得的结果均表明，变形金属的最高温度始终处于模孔出口处型材上，温度变化曲线如图4-11中焊合室充满之后的实线和虚线所示。

图4-11表明，焊合室充满前分流孔入口处金属温度随挤压行程的增大而逐渐升高。在稳定挤压阶段，随挤压行程的增大，模孔出口处型材的温度先快速上升，然后趋于稳定。

采用网购重构法时，当挤压速度为1.0mm/s，焊合室充满时（挤压行程68mm）变形金属最高温度约为517℃，由于焊合过程已有部分金属从模孔挤出，焊合室充满时模孔出口处型材的最高温度为503℃，随挤压行程继续增加，模孔出口处型材最高温度从503℃开始逐渐升高，然后趋于稳定。挤压速度为3.0mm/s，焊合室充满时变形金属最高温度约为536℃，而此时模孔出口处型材上的最高温度为526℃，随挤压行程继续增加，模孔出口处型材最高温度从526℃开始逐渐升高，然后趋于稳定。

采用稳态模拟法时，由于将分流与焊合过程的金属温度近似为恒定的500℃，其温升曲线（图4-11中虚线所示）从挤压行程68mm时的500℃逐渐升高。

从图4-11中还可以看到，挤压速度1.0mm/s时，两种方法计算的模孔出口处型材温升基本相同，而挤压速度为3.0mm/s时，两种方法计算的模孔出口处型材温升有明显差别。对不同挤压速度下的模孔出口处型材最大温升进行分析，结果如图4-12所示。可以看到，在较低的速度下，采用稳态模拟法计算的模孔出口处型材最大温升高于网格重构法的计算结果，如挤压速度为0.6mm/s时，稳态模拟法计算的模孔出口处型材温升比网格重构法高大约7℃；而在较高的速度下情况恰好相反，当挤压速度增大至3.0mm/s时，网格重构法计算的模孔出

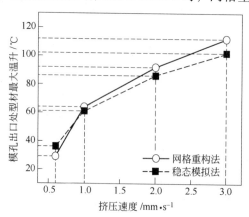

图4-12 随着行程的增加模孔出口处型材最大温升情况

口处型材温升比稳态模拟法高约10℃。

网格重构法和稳态模拟法计算的模孔出口处型材温升不同的原因在于，变形金属在分流和焊合过程中产生较大的温度变化，并直接影响模孔出口处型材的温度。稳态模拟法不能反映变形金属在分流和焊合过程中的温度变化，忽略了挤压筒内和焊合室内的温度分布对模孔出口处型材温升的影响。一般来说，对于组织性能要求较高的挤压产品，模孔出口处产品的温度需控制在±5℃以内，可见，采用稳态模拟法计算的模孔出口处型材温度结果不利于精确指导挤压生产。

4.5 型材横断面温度分布

两种模拟方法获得的挤压中期（模孔出口处型材温升趋于稳定时）型材横断面温度分布结果如图4-13所示，其中图4-13（a）、（b）分别为挤压速度v=3.0mm/s时网格重构法和稳态模拟法获得的型材横断面温度分布示意图。图4-14为不同的挤压速度下型材横断面最大温差（最高温度和最低温度之差）的变化情况。可见，在不同挤压速度下，网格重构法计算的型材横断面最大温差均大于稳态模拟法的计算结果，当挤压速度为3.0mm/s时二者相差12℃。

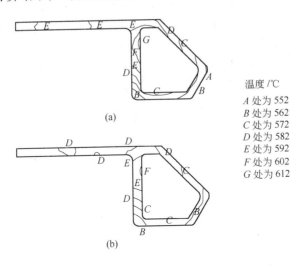

温度/℃
A处为552
B处为562
C处为572
D处为582
E处为592
F处为602
G处为612

图4-13 型材横断面温度分布（坯料初始温度500℃）

（a）网格重构法；（b）稳态挤压法

采用两种模拟方法计算的型材横断面最大温差存在较大差别原因在于，变形金属在分流和焊合过程中经历了复杂的热交换过程，导致焊合室内不同部位的金属温度分布不均匀，这种温度不均匀分布直接遗留到模孔出口处的型材断面上，加剧了型材横断面的温度分布不均匀。稳态模拟法不能反映分流和焊合过程中金属温度的变化，从而忽略了焊合室内金属温度不均匀分布，因而无法准确反映型

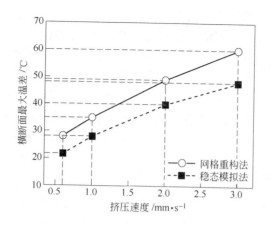

图 4-14   随挤压速度变化的横断面最大温差

材横断面的温度分布不均匀性。上述分析表明，网格重构法相比于稳态挤压法，能更准确地反映挤压型材横断面温度分布的不均匀性[16]。

图 4-14 的结果表明，挤压速度对型材横断面温度分布不均匀的影响较大。由网格重构法的分析可知，当挤压速度由 0.6mm/s 增大到 3.0mm/s 时，挤压型材横断面最大温差由 28℃ 增大到 60℃。

当挤压速度为 0.6mm/s、1.0mm/s、1.2mm/s，坯料温度为 480℃、500℃ 和 520℃ 时，挤压中期模孔出口处型材横断面最大温差结果见表 4-1。可以看到，在相同挤压速度下，坯料温度在 480~520℃ 范围内变化时，型材横断面上最大温差的变化不超过 3℃，表明与挤压速度对型材横断面温度分布不均匀性的影响（如图 4-14 所示）相比，坯料温度对型材横断面温度分布不均匀性的影响较小。

表 4-1   挤压速度和坯料温度对模孔出口处型材横断面温度分布的影响

挤压速度/mm·s⁻¹	坯料温度/℃	横断面最大温差/℃
	480	26
0.6	500	28
	520	28
	480	32
1.0	500	35
	520	33
	480	33
1.2	500	34
	520	36

综上所述，对铝合金空心型材分流模挤压成型进行模拟分析时，若忽略分流和焊合过程金属的温度变化，易导致温度场计算误差大、对模孔出口处型材温度及型材横断面温度分布的预测精度低，难以有效指导高性能铝合金产品的挤压生产。因此，作者等人开发的网格重构模拟方法对空心型材分流模挤压成型温度场分析也具有重要意义。

4.6 挤压温度与速度的关系

根据6005A合金的加工特性和性能要求，挤压模孔出口处型材温度应控制在520~570℃左右，温度过高容易引起低熔点共晶化合物的熔化，温度过低不利于挤压过程合金元素的充分固溶，影响在线淬火的效果[17]。而上述研究结果表明，不同的坯料温度和挤压速度对模孔出口处型材最高温度及型材横断面温度分布有较大影响。因此，有必要综合考虑模孔出口处型材温升特点和型材横断面的温度分布不均匀性，确定合理的坯料温度和挤压速度范围，以确保型材横断面的最高和最低温度均在520~570℃的范围之内。

图4-15所示为坯料温度500℃、不同挤压速度下，稳定挤压阶段模孔出口处型材横断面最高温度、最低温度与挤压速度的关系。由图可知，满足挤压模孔出口处型材温度要求的挤压速度上限为1.14mm/s，挤压速度下限0.87mm/s。

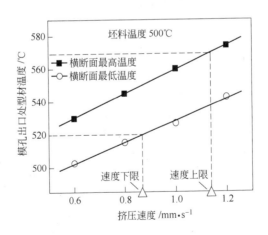

图4-15　横断面温度与挤压速度的关系

根据图4-15中横断面温度与挤压速度的关系，可获得本节条件下空心型材合理的挤压速度和坯料温度范围，如图4-16所示。图中阴影区域即为保证模孔出口处型材温度在520~570℃范围内的坯料温度和挤压速度窗口。由图可知，当坯料温度从480℃上升到520℃时，满足挤压模孔出口处型材温度要求的挤压速度范围由1.10~1.34mm/s下降到0.63~0.93mm/s。

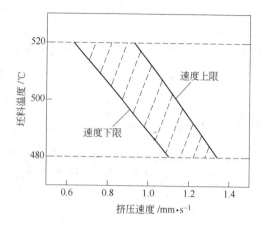

图 4-16　横断面温度与挤压速度的关系

参 考 文 献

［1］谢建新，刘静安. 金属挤压理论与技术［M］. 2 版. 北京：冶金工业出版社，2012.

［2］Xie J X，Murakami T，Ikeda K，et al. Experimental simulation of metal flow in porthole-die extrusion［J］. Journal of Materials Processing Technology，1995，49(1/2)：1～11.

［3］He Zhao，Wang Henan，Wang Mengjun，et al. Simulation of extrusion process of complicated aluminium profile and die trial［J］. Transactions of Nonferrous Metals Society of China，2012，22(7)：1732～1737.

［4］Zhou J，Li L，Duszczyk J. Computer simulated and experimentally verified isothermal extrusion of 7075 aluminium through continuous ram speed variation［J］. Journal of Materials Processing Technology，2004，146(2)：203～212.

［5］Jo H H，Lee S K，Jung C S，et al. A non-steady state FE analysis of Al tubes hot extrusion by a porthole die［J］. Journal of Materials Processing Technology，2006，173(2)：223～231.

［6］Li L X，Lou Y. Ram speed profile design for isothermal extrusion of AZ31 magnesium alloy by using FEM simulation［J］. Transactions of Nonferrous Metals Society of China，2008，18(1)：s252～s256.

［7］邸利青，张士宏. 分流组合模挤压过程数值模拟及模具优化设计［J］. 塑性工程学报，2009，16(2)：123～127.

［8］Wu X H，Zhao G Q，Luan Y G，et al. Numerical simulation and die structure optimization of an aluminum rectangular hollow pipe extrusion process［J］. Materials Science and Engineering A，2006，435～436：266～274.

［9］Li L，Zhang H，Zhou J，et al. Numerical and experimental study on the extrusion through a porthole die to produce a hollow magnesium profile with longitudinal weld seams［J］. Materials and Design，2008，29(6)：1190～1198.

［10］Zhang Z H，Hou W R，Huang D N，et al. Mesh reconstruction technology of welding process in 3D FEM simulation of porthole extrusion and its application ［J］. Procedia Engineering，

2012, 36: 253～260.

[11] 黄东男，李静媛，张志豪，等. 方形管分流模双孔挤压过程中金属的流动行为[J]. 中国有色金属学报，2010，20(3):487～495.

[12] 黄东男，张志豪，李静媛，等. 焊合室深度及焊合角对方形管分流模双孔挤压成形质量的影响[J]. 中国有色金属学报，2010，20(5):954～960.

[13] 黄东男，张志豪，李静媛，等. 网格重构在铝合金空心型材分流模挤压过程数值模拟中的应用[J]. 锻压技术，2010，35(6):128～132.

[14] 肖亚庆，谢水生，刘静安，等. 铝加工技术实用手册[M]. 北京：冶金工业出版社，2004.

[15] Fang G，Zhou J，Duszczyk J. FEM simulation of aluminium extrusion through two-hole multi-step pocket dies[J]. Journal of Materials Processing Technology，2009，209(4):1891～1900.

[16] 侯文荣，张志豪，谢建新，等. 铝合金空心型材分流模挤压成形全过程温度场变化的数值模拟[J]. 中国有色金属学报，2013，23(10):2769～2778.

[17] 刘静安，盛春磊，王文琴. 铝合金挤压在线淬火技术[J]. 轻合金加工技术，2010，38(2):7～15.

5　双孔模挤压过程模拟分析

与一次挤压生产一根产品的单孔模挤压相比，一次挤压生产两根或多根产品的多孔模挤压法，在非对称复杂断面型材挤压成型时平衡金属流动、在大吨位挤压机上生产小规格型材以及提高型材生产效率等方面具有重要应用前景，是目前型材挤压加工的发展趋势[1~4]。

由于多孔模挤压时金属流动均匀性控制难度更大，常导致挤出型材产生刀弯、扭拧及各产品间流速不均等缺陷，依靠源于实践的经验规律和模具设计者个人经验的传统设计方法很难解决此类模具设计所面临的问题。采用有限元数值模拟技术对变形金属内部的应力场、应变场、温度场、速度场等物理量的分析，可预测产品成型质量，为设计合理模具结构和制定挤压工艺提供理论依据[5~11]。

为此通过基于焊合区网格重构技术，对分流模双孔挤压全过程进行数值模拟分析。在此基础上，重点研究了分流孔配置、焊合室高度、焊合角等对铝合金 A6005 方管分流模双孔挤压过程中金属流动行为、挤压力及挤压温度的影响。

5.1　计算条件

5.1.1　几何模型

企业生产中一般采用如图 5-1(a)所示的双孔分流模挤压方管，工模具名称及组装如图 5-1(b)所示。为了改善金属流动的均匀性，两侧分流孔的外壁设计成圆弧形。分流孔外接圆直径 D_e 与挤压筒直径 D 之比通常为 0.7 ~ 0.9，焊合角为 30°。

由图 5-1 可知，流经中间分流孔（以下简称 Q_1 孔）内的金属同时向两个模孔供料，两侧分流孔（以下简称 Q_2 孔）各向一个模孔供料。因此，分流孔面积比（Q_1/Q_2）及分流孔位置（可用分流孔外接圆直径与挤压筒直径比 D_e/D 来描述）是影响金属流动均匀性及方管成型质量的关键因素。

采用有限元软件 Deform-3D 对图 5-1 所示方管分流模双孔挤压过程进行模拟分析。考虑到模具结构的对称性，为减少单元网格数量及计算时间，并获得较高的模拟精度，取如图 5-2 所示的 1/4 模型进行过程模拟。网格划分采用绝对网格法，计算单元为四面体网格单元，并对塑性变形较剧烈的分流孔入口及模孔入口

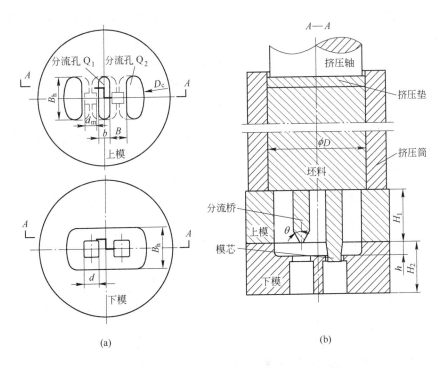

(a)　　　　　　　　　　　　　(b)

图 5-1　双孔分流模结构及挤压工模具装配示意图

（a）双孔分流模挤压方管；（b）工模具组装图

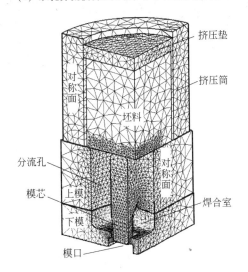

图 5-2　几何模型及网格划分

处进行网格单元细化。设定模拟过程中单元最小尺寸为 0.5mm，最大为 15mm。为了减少焊合区的网格穿透量，将相对冲突干涉系数设为 0.4。

挤压的初始工艺条件为坯料（A6005 铝合金）温度 480℃、挤压筒温度 400℃、模具温度 450℃、挤压垫温度 30℃，挤压垫速度 4mm/s。

将变形温度下的 A6005 铝合金坯料设为黏塑性材料，材料流动变形行为模型如式（2-13）所示。模具设为刚性材料，坯料和模具之间选用剪切摩擦模型，摩擦因子 $m = \sqrt{3}\dfrac{\tau}{\sigma}$（$\tau$ 为接触摩擦切应力，σ 为材料的流动应力）。本节根据 A6005 铝合金的圆环压缩实验结果，取 $m = 1$，施加在坯料与模具表面和挤压筒内表面。

5.1.2 焊合区网格重构

焊合区穿透网格重构前后的有限元模型如图 5-3 所示，其中图 5-3(a)所示为焊合区网格相互穿透时的有限元模型，图 5-3(b)所示为焊合区网格重构前的有限元模型局部放大，图 5-3(c)所示为焊合区重构后的有限元模型[12]。

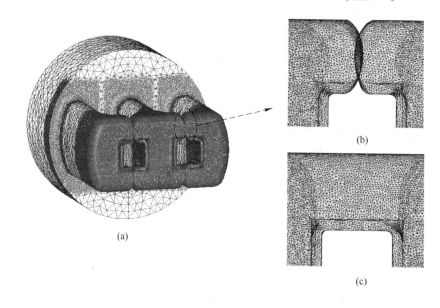

图 5-3 焊合面穿透网格重构前后的有限元模型

（a）焊合面相互穿透的网格有限元模型；（b）焊合面修复前；（c）焊合面修复后

5.2 挤压各阶段金属的流动行为分析

为便于与在 650t 挤压机上进行的实验结果相比较，首先以 $L \times t = (15 \times 2)$ mm（其中 L 表示边长，t 表示厚度）的方管为例，分析分流模双孔挤压过程中各个阶段金属的流动行为[13]。

挤压筒直径 D 为 $\phi 95$mm，分流孔外接圆直径 D_c 为 $\phi 84$mm；上模高 H_1 为 50mm，下模高 H_2 为 50mm，焊合室高度 h 为 13mm；模孔直径 d 为 15mm，模芯 d_m

为11mm；Q_1 孔的宽度 b 为12mm，相应的 Q_1 和 Q_2 的面积比为0.71；焊合压缩比 K（俗称分流比，即分流孔总面积与产品总断面积之比）为8.6，挤压比 R 为34.1。

图5-4所示为挤压不同阶段的金属流动行为及速度场分布，其中右侧的图为

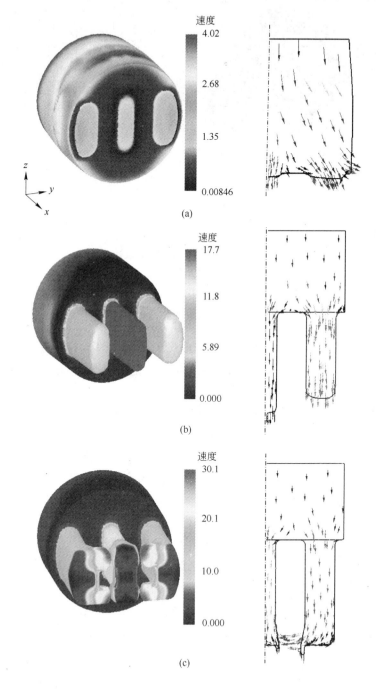

(a)

(b)

(c)

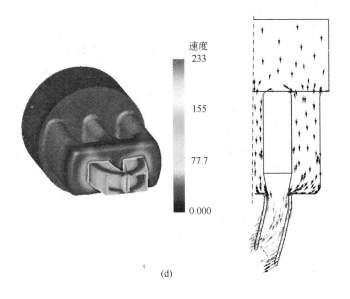

速度
233

155

77.7

0.000

(d)

图 5-4　挤压过程金属流动行为及速度场

$(D_c/D=0.88,\ Q_1/Q_2=0.71,\ v=4\mathrm{mm/s})$

（a）镦粗阶段（行程为 6mm）；（b）分流阶段（行程为 20.5mm）；（c）填充焊合室阶段
（行程为 24.8mm）；（d）焊合及成型阶段（行程为 26.2mm）

沿 x 轴方向（挤压方向）对称面上的速度场矢量图。图 5-4（a）表明，在镦粗阶段的后期坯料已经开始进入分流孔，但分流孔内金属流速小于挤压轴速度，主要由于镦粗和分流同时进行，导致分流速度减小。

分流阶段如图 5-4（b）所示，金属在分流桥的作用下被拆分为三股进入分流孔，分流孔内金属流速远高于挤压轴速度。同时，由于挤压筒中心附近金属流动阻力小，受挤压筒内壁摩擦力影响也小，使得 Q_1 孔内金属流速明显大于 Q_2 孔，因此 Q_1 孔内所挤压出的金属长度比 Q_2 孔的长。

填充焊合阶段如图 5-4（c）所示，三股金属相继与焊合室底面接触，形成径向流动开始填充焊合室。在填充焊合室过程中，Q_2 孔内的金属只向模具中心侧流动填充，而 Q_1 孔的金属进入焊合室后向两侧分流填充，使得从分流孔内进入焊合室后速度被分解，导致填充过程中金属端部表面速度小于由 Q_2 孔内流入焊合室的金属端部表面速度。同时，由于 $Q_1/Q_2=0.71$，即 Q_1 孔面积相对较小，从 Q_1 孔流出金属量较少，因此从 Q_2 孔流出金属成为填充焊合室的主要来源，从而最终导致焊合面偏向模具中心位置，并使焊合面两侧方管表面流速不等。

图 5-4（c）还表明，在金属坯料填充焊合室过程中，即焊合面尚未完全焊合

前，已有部分金属先期被挤出模孔形成了方管的料头。

焊合及成型阶段如图5-4(d)所示，延续了填充焊合阶段的金属不均匀流动，Q_2 孔对应的方管外侧金属流量大、速度快，导致焊合面位置偏离方管的对称中心，型材离开模孔后向模具中心侧弯曲，形成刀弯，并产生碰触。

上述对分流模双孔挤压方管时金属流动行为的分析表明，方管向中心侧弯曲的主要原因是 Q_1 孔的金属流量过小，因此为消除方管产生的内侧弯曲缺陷，应该增加 Q_1 孔的面积。

5.3 分流孔配置对金属流动行为的影响

5.3.1 分流孔面积比对金属流动行为的影响

根据以上分析，为增加 Q_1 孔面积，将 Q_1 孔宽度 b 从 12mm 增加为 16mm、18mm 和 20mm，在 Q_2 孔面积保持不变的条件下，Q_1/Q_2 由 0.71 增至 0.93、1.03 和 1.13[13]。

图5-5 所示为挤压行程为 20.5mm 时，不同分流孔面积比时各分流孔内流出金属长度比。由图可见，随着 Q_1/Q_2 的增加，Q_1 与 Q_2 孔内金属的长度比值增加，即 Q_1 和 Q_2 孔流出金属的长度差增加，使得由 Q_1 孔流出并充填焊合室的金属量增大。

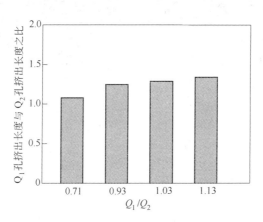

图5-5 金属分流长度与分流孔面积的关系（行程为20.5mm）

图5-6 所示为不同分流孔面积比条件下，稳态成型阶段方管分流模挤压成型模拟结果。由图5-6 可以看出，当 $Q_1/Q_2 = 0.71$ 和 $Q_1/Q_2 = 1.13$ 时，如图5-6(a)、图5-6(d)所示，挤出方管各部位流速不均匀，方管向内侧和外侧产生刀弯，说明分流孔 Q_1 面积过小和过大。当 $Q_1/Q_2 = 1.03$ 时[图5-6(c)]，挤出方管各部位流速最均匀，外形最佳。当 $Q_1/Q_2 = 0.93$ 时[图5-6(b)]，只是方管的料

头略有弯曲，而随着挤压行程的增加，方管各部位流速逐渐趋于均匀，外形较好。

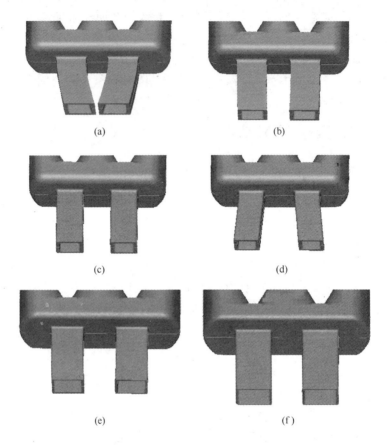

图 5-6 稳态挤压时方管成型情况 ($D_c/D = 0.88$)

(a) $Q_1/Q_2 = 0.71 (L \times t = 15\mathrm{mm} \times 2\mathrm{mm})$；(b) $Q_1/Q_2 = 0.93 (L \times t = 15\mathrm{mm} \times 2\mathrm{mm})$；

(c) $Q_1/Q_2 = 1.03 (L \times t = 15\mathrm{mm} \times 2\mathrm{mm})$；(d) $Q_1/Q_2 = 1.13 (L \times t = 15\mathrm{mm} \times 2\mathrm{mm})$；

(e) $Q_1/Q_2 = 0.97 (L \times t = 30\mathrm{mm} \times 2\mathrm{mm})$；(f) $Q_1/Q_2 = 1.03 (L \times t = 45\mathrm{mm} \times 2\mathrm{mm})$

因此可以认为，当分流孔外接圆直径和挤压筒直径比为 $D_c/D = 0.88$，分流孔 $Q_1/Q_2 = 0.93 \sim 1.03$ 时，挤出方管流出速度均匀，外形平直。

以上合适的分流孔面积比（$Q_1/Q_2 = 0.93 \sim 1.03$）是在挤压筒直径为 $\phi 95\mathrm{mm}$、分流孔外接圆直径 D_c 为 $\phi 84\mathrm{mm}$（即 $D_c/D = 0.88$）的条件下确定的，为了验证其普遍性，本节计算了不同 D_c/D、不同断面尺寸方管的分流模双孔挤压时的成型情况，结果见表 5-1，外形如图 5-6(e)、(f) 所示。由表 5-1 模拟结果可得对于此类分流模双孔挤压方管时，当分流孔面积 Q_1/Q_2 为 $0.93 \sim 1.03$ 时，挤出的方管外形平直。

表 5-1 不同 D_c/D、不同断面尺寸的方管成型情况

断面尺寸 $L \times t$ $/\text{mm} \times \text{mm}$	分流孔面积比 Q_1/Q_2	挤压筒直径 D/mm	分流孔外接 圆直径 D_c/mm	D_c/D	分流比 K	模拟结果
30×2	0.97	170	150	0.88	12.3	挤出的方管料头略有弯曲，但随着挤压行程的增加，方管外形逐渐平直
			140	0.82	10.1	
			130	0.76	8.2	
45×2	1.03	238	209	0.88	16.5	方管外形平直
60×2	1.03	330	290	0.88	21.9	方管外形平直

5.3.2 分流孔面积比对焊合面位置的影响

分流模双孔挤压时沿对称轴线的剖面模型如图 5-7(a) 所示。以 $D_c/D = 0.88$，分流孔面积比 $Q_1/Q_2 = 0.93 \sim 1.03$，$L \times t = (15 \times 2) \text{mm}$ 为例，在距离焊合室底面 4mm 处取 A-A 截面，如图 5-7(a) 所示，分析分流孔面积比对焊合室内金属流动行为及焊合面位置的影响，如图 5-7(b) ~ (i) 所示。由图可知，在填充焊合室过程中，由于 Q_1 孔内金属流速高于 Q_2 孔，使得 Q_1 孔内金属率先到达焊合室底面，开始发生侧向流动（图 5-7(b) 所示）。当 $s = 22.5 \text{mm}$ 时，Q_2 孔内金属开始接触焊合室底面（图 5-7(c) 所示），分流孔内的金属开始同时填充焊合室，由于 Q_2 孔内的金属只向模具中心侧流动填充，而 Q_1 孔的金属进入焊合室后向两侧分流填充。当 $Q_1/Q_2 = 0.71$，即 Q_1 孔面积相对较小时，Q_2 孔内流出的金属填充量远大于 Q_1 孔，使得填充焊合室过程中金属流量不平衡，焊合面位置偏离模芯中心较大〔图 5-7(d) ~ (f) 所示〕，从而使挤压成型过程中仍然延续这种金属的不平衡流动而导致方管产生内侧刀弯。

图 5-8 所示为焊合面位置随 Q_1/Q_2 的变化情况。焊合面位置用 d_1/d_m 表示，d_1 为焊合面与模芯距离，d_m 为模芯边长，如图 5-7(e) 所示。随着分流孔面积比 Q_1/Q_2 的增加，d_1 逐渐增加，即 d_1/d_m 逐渐增加。可见由于 Q_1 孔内流出的金属填充量逐渐增大，使得焊合面向模芯中心靠近，如图 5-7(g)、(h) 所示，金属流动逐渐趋于平衡，可有效消除方管内侧刀弯，挤出方管表面平直。

但随当分流孔面积比过大时，如当 $Q_1/Q_2 = 1.13$，$d_1/d_m = 0.62$ 时，由于 Q_1 孔面积增加过大，使得 Q_1 孔内流出的金属填充量远大于 Q_2 孔，使得焊合面与模芯边部的距离 d_1 过大，如图 5-7(i) 所示，将导致挤出方管产生外侧刀弯。

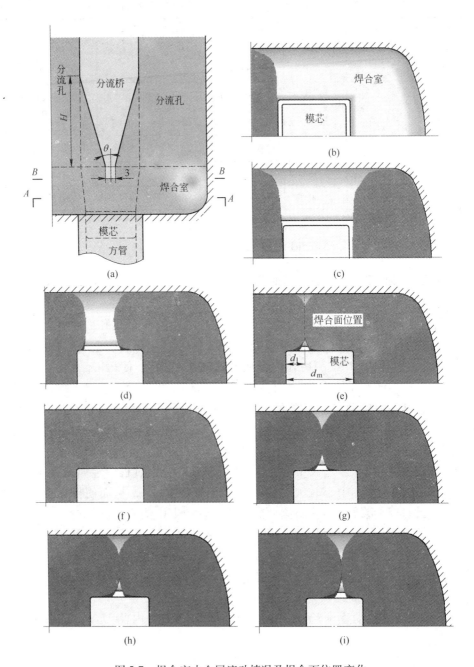

图 5-7 焊合室内金属流动情况及焊合面位置变化

（a）沿中轴线的剖面模型；（b）$s = 20.5\text{mm}$，$Q_1/Q_2 = 0.71$；（c）$s = 22.5\text{mm}$，$Q_1/Q_2 = 0.71$；

（d）$s = 24.2\text{mm}$，$Q_1/Q_2 = 0.71$；（e）$s = 25.1\text{mm}$，$Q_1/Q_2 = 0.71$；（f）$s = 25.3\text{mm}$，$Q_1/Q_2 = 0.71$；

（g）$s = 25.9\text{mm}$，$Q_1/Q_2 = 0.93$；（h）$s = 26.0\text{mm}$，$Q_1/Q_2 = 1.03$；（i）$s = 26.4\text{mm}$，$Q_1/Q_2 = 1.13$

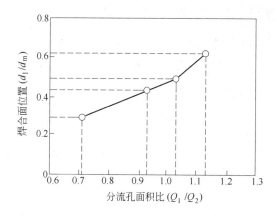

图 5-8 分流孔面积比对焊合面位置的影响

5.3.3 分流孔面积比对焊合室静水压力与方管表面温度的影响

为了获得分流孔面积比 Q_1/Q_2 对焊合室内静水压力（通常用来判断焊合质量）及方管表面的温升影响，以 $D_c/D = 0.88$，$Q_1/Q_2 = 0.93 \sim 1.03$，$L \times t = (15 \times 2)\text{mm}$ 的方管为例分析，计算所得结果如图 5-9 所示。

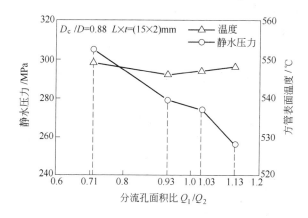

图 5-9 分流孔面积比对静水压力及方管表面温度的影响

由图 5-9 可知，分流孔面积比对挤压过程中的金属温升及方管表面温度影响很小，而对焊合室内静水压力有一定的影响，随着分流孔面积比值的增加，焊合室内静水压力逐渐减小，因此在保证能挤出表面平直的方管的条件下，应尽量减小分流孔面积比。

5.3.4 分流孔位置对挤压力与方管表面温度的影响

根据表 5-1 的模拟结果，分流孔外接圆直径和挤压筒直径比 D_c/D 对金属流动行为影响较小。为了获得分流孔位置对挤压力及挤压温升的影响，以挤压筒直径为 170mm，$D_c/D = 0.88$，$Q_1/Q_2 = 0.97$，分流比为 12.3，$L \times t = (30 \times 2)$mm 的方管为例来分析。

方管挤压时挤压力及稳态挤压时模口出口处的方管表面温度随 D_c/D 的变化如图 5-10 所示。由图 5-10 可知，分流孔外接圆直径和挤压筒直径比 D_c/D 对挤压过程中的金属温度变化影响很小，而对挤压力有一定的影响，即随着 D_c/D 的增加，挤压力先略有减小然后增大。当 D_c/D 为 0.82 时最大挤压力最小，比值超过 0.82 时最大挤压力明显增加。因此 D_c/D 存在一个最佳值，使得挤压力最小。

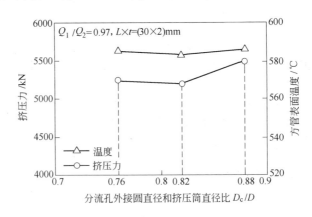

图 5-10 分流孔外接圆直径和挤压筒直径比对挤压力及方管表面温度的影响

5.4 挤压比对挤压力与方管表面温度的影响

以挤压筒直径 170mm，$D_c/D = 0.88$，$Q_1/Q_2 = 0.97$，$L \times t = [30 \times (1,2,3,4)]$mm 的方管为例来分析挤压比对挤压力与方管表面温度的影响[13]。

当方管尺寸为 $L \times t = [30 \times (1,2,3,4)]$mm，对应的挤压比 R 分别为 97.8、50.6、35.0 与 27.2。在挤压工艺参数相同（如 5.1.1 节），模具结构参数相同（除模口尺寸）的条件下，根据数值模拟结果，R 对金属流动行为影响较小，但对挤压力及挤压温度影响皆较大，如图 5-11 所示。

由图 5-11 可知，挤压比对挤压过程中的金属温升及挤压力有较大影响，随着 R 的增加，挤压力先急剧增大，但当 R 大于 50.6 后呈缓慢增大趋势。随着 R 的增加，模口出口处方管表面温度急剧增加，当挤压比接近 100 时，挤压过程中模口出口处方管表面温度已经接近 630℃，导致挤压过程温升过高，可见在相同

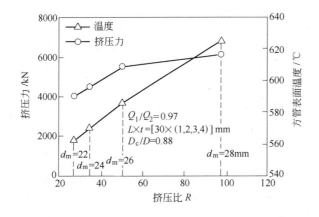

图 5-11　挤压比对挤压力及方管表面温度的影响

挤压速度条件下，挤压比是影响挤压温升的主要因素。

5.5　焊合室深度对焊合室静水压力与模芯稳定性的影响

5.5.1　焊合室深度对焊合室静水压力的影响

分流模挤压过程中，焊合室内静水压力大小决定型材的焊合质量，焊合面上的静水压力越高，型材挤出的焊合质量就越好，焊合室深度是影响静水压力的主要因素之一[14]，因此分析了分流模双孔挤压时焊合室深度对成型质量的影响。

为了便于与 650t 挤压机的实验结果相比较，本节以 $L \times t = (15 \times 2)$ mm 的方管为例。分流孔外接圆直径 D_c 与挤压筒直径 D 之比为 0.88；Q_1 孔的宽度 $b = 16$mm，相应的 Q_1 和 Q_2 的面积比为 0.93；焊合角 $\theta = 30°$，焊合室深度 $h = 7 \sim 19$mm。焊合压缩比 $K = 9.3$，挤压比 $R = 34.1$。

为分析模具受力及模芯弹性变形情况，首先将模具改为弹性体，然后将挤压稳态时所得到的坯料的应力场施加给模具，经过再次计算获得所需结果。

计算的焊合室深度 h 为 $7 \sim 19$mm 范围内，金属焊合面的静水压力变化如图 5-12 所示[15]。

由图可知，随着焊合室深度的增加，焊合面的静水压力逐渐增大。当焊合室深度为 7mm 时，焊合面平均静水压力为 97MPa，计算表明此时焊合面附近温度约为 527℃，在此温度下，A6005 铝合金屈服强度约为 44MPa，平均静水压力仅为合金屈服强度的 2.2 倍，容易导致焊合不良。

当焊合室深度 h 增加时，焊合室体积增加，挤压力增大，从而使焊合室内静水压力增大。h 由 7mm 增加到 10mm 时，焊合面的静水压力迅速增大，由 97MPa 增加到 251MPa，达到金属屈服强度的 5.7 倍；当 h 由 10mm 继续增加时，焊合

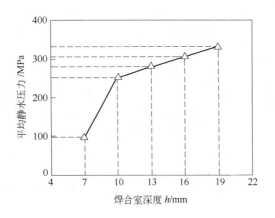

图 5-12 焊合室深度对焊合面上平均静水压力的影响

面上的静水压力继续增加，但增加速度明显下降。当 $h = 19$mm 时，静水压力增加到 331MPa，达到金属屈服强度的 7.5 倍，因此当焊合室深度 $h \geqslant 10$mm 时，能够获得充分的焊合强度。

5.5.2 焊合室深度对模芯稳定性的影响

以上分析表明，焊合室越深越有利于提高焊合质量，但随着焊合室深度的增加，模芯长度增加，焊合室内金属体积增大，使得摩擦力增加，挤压力升高，易造成模具应力集中较大的部位（如分流桥底部、模芯等）发生变形甚至断裂。

分流桥底部及模芯表面等效应力分布的计算结果如图 5-13 所示。由图可知，挤压过程中分流桥底部存在较大的应力集中，并随焊合室深度的增加而增大。

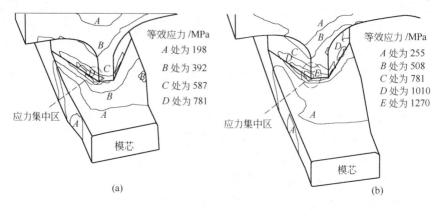

图 5-13 分流桥底部及模芯表面的等效应力分布情况

（a）焊合室深度 7mm，模芯长度 13mm；（b）焊合室深度 19mm，模芯长度 25mm

分流桥底部等效应力随焊合室深度的变化规律如图 5-14 所示。当焊合室深度 h 为 7~16mm 时，应力增加较为平缓，分流桥底部应力集中处的等效应力为 781~1024MPa，小于热作模具钢 H13 的抗拉强度（1117MPa）[16]。而当 h 大于 16mm 时，等效应力快速增加，$h=19$mm 时，等效应力高达 1270MPa，已超过 H13 强度。

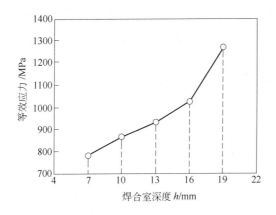

图 5-14 分流桥底部等效应力随焊合室深度的变化

随着 h 增加，挤压力增加，同时由于模芯长度增加，模芯稳定性降低。不同焊合室深度时模芯偏移方向及偏移量分布如图 5-15 所示。由图可知，挤压过程中模芯向 Q_1 方向偏移，模芯头部偏移量最大。当 h 较小为 7mm 时，模芯最大偏移量 0.008mm；而当 h 增加到 19mm 时，模芯最大偏移量为 0.264mm，是 h 为 7mm 时的 33 倍。

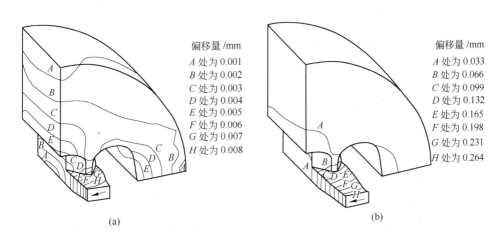

图 5-15 不同焊合室深度时模芯偏移方向及偏移量分布

（a）焊合室深度 7mm，模芯长度 13mm；（b）焊合室深度 19mm，模芯长度 25mm

模芯受不均应力作用而产生偏移是型材断面壁厚偏差的主要因素之一。由图5-16可知，随着焊合室深度 h 的增加，模芯偏移量增加。当 h 小于 16mm 时，模芯偏移量皆小于 0.2mm，由模芯偏移引起的挤出方管型材壁厚偏差小于 ±0.2mm。根据铝型材国家标准（GB 5237.1—2004）[16]，当型材壁厚为 2mm 时，允许偏差为 ±0.2mm，可见符合质量要求。而焊合室深度为 19mm 时，模芯偏移量大于 0.2mm，方管壁厚偏差大于 ±0.2mm，不能满足质量要求。

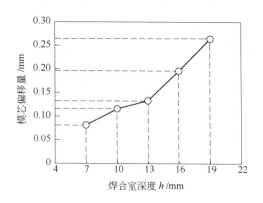

图 5-16 模芯最大偏移量随焊合室深度的变化

综合以上分析，焊合室深度 h 过小，将导致焊合面焊合不良；h 过大将使得模芯稳定性降低，模芯偏移量增大，导致挤出方管断面壁厚超差，并在分流桥底部产生较大的应力集中，缩短模具的使用寿命。对于本节方形管双孔挤压模具，合理的焊合室深度为 10～16mm。

5.6 焊合角对金属流动行为及模芯稳定性的影响

5.6.1 焊合角对金属流动行为的影响

焊合角 θ［分流桥的斜度，如图5-7(a)所示］对挤压过程中焊合室内金属流动死区大小、焊合质量以及挤压力有明显的影响。以5.5.1节方管为例，针对焊合室深度为 13mm，分流桥底端宽 3mm，焊合角 θ 分别为 15°、30°、45°、60°、90°的情形，分析焊合角 θ 对金属流动行为、挤压力及焊合室内静水压力的影响[15]。

焊合面开始焊合时，焊合角对焊合室内的金属流动行为的影响如图5-17所示。由图可知，焊合角为 15°时，焊合过程中，焊合面的初始接触面在分流桥底部，即焊合室顶面，随着焊合角的增加，焊合面的初始接触面逐渐向模口附近移动，在焊合角为 90°时，焊合面的初始接触面在模口处，即焊合室底面。当焊合角在 30°～45°时，焊合面初始接触点在焊合室的中部。

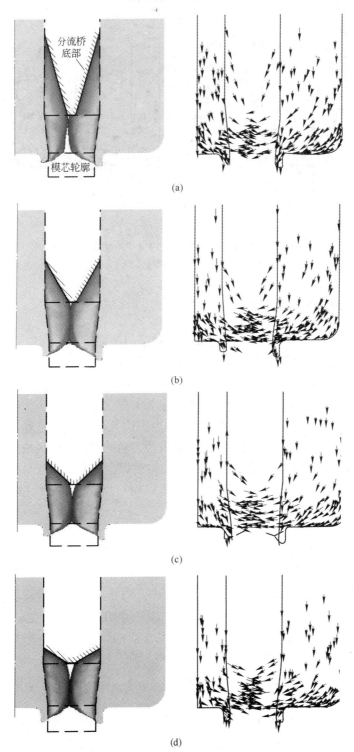

(a)

(b)

(c)

(d)

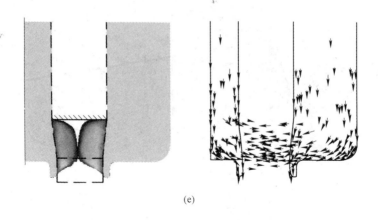

(e)

图 5-17   焊合角 θ 对焊合室内金属流动行为影响

(a) $\theta = 15°$；(b) $\theta = 30°$；(c) $\theta = 45°$；(d) $\theta = 60°$；(e) $\theta = 90°$

5.6.2   焊合角对死区体积的影响

图 5-7(a) 所示为分流模挤压时沿对称轴线的剖面模型，其中 H 表示不同焊合角的分流桥斜面高度。稳态挤压时，垂直于挤压方向，在焊合室内沿图 5-7(a) B-B 横断面上金属的流动速度及死区分布如图 5-18(a) ~ (e) 所示。其中 v 为挤压轴速度，v_c 为焊合室内金属流速，图中数字为 v_c/v 之值。

图 5-18 表明，对于不同的焊合角，焊合室内死区形成的位置、死区形状基本相同，但死区的大小有显著的差别。随着焊合角的增加，死区截面的顶点〔图 5-18(a) 中的 D 点〕沿焊合面逐渐下移，使得沿焊合室大面侧壁与模芯表面〔图 5-18(a) 中箭头所示〕之间的死区明显增大，而对焊合室小面侧壁（弧形侧壁）附近的死区大小几乎没有影响。

当 $\theta \leqslant 45°$ 时，靠近模芯表面处没有死区，如图 5-18(a) ~ (c) 所示。而当 $\theta \geqslant 60°$ 时，靠近模芯处也产生了死区，如图 5-18(d)、(e) 中模芯轮廓处的阴影部分所示。这主要是由于在焊合过程中，随着焊合角的增加，焊合面的初始接触点由靠近分流桥底部向模口处移动，当焊合角 $\theta \geqslant 60°$ 时，焊合面初始接触点距剖面 A-A 较远，距离模口较近，并且焊合过程中，焊合面的金属并不紧贴模芯表面流动，焊合过程中，金属将以焊合面初始接触点位置为中心向四周填充，使得模芯处产生了较小面积的死区。而当焊合角 $\theta \leqslant 45°$ 时，焊合面初始接触点距剖面 A-A 较近，即靠近分流桥底部，所以不容易在模芯表面产生死区。

本节采用焊合室内死区的高度 h_1 和 h_2 之和，与焊合室侧壁和模芯表面之间的距离（焊合面长度）h_3 的比值，作为评价焊合面位置死区相对大小的指

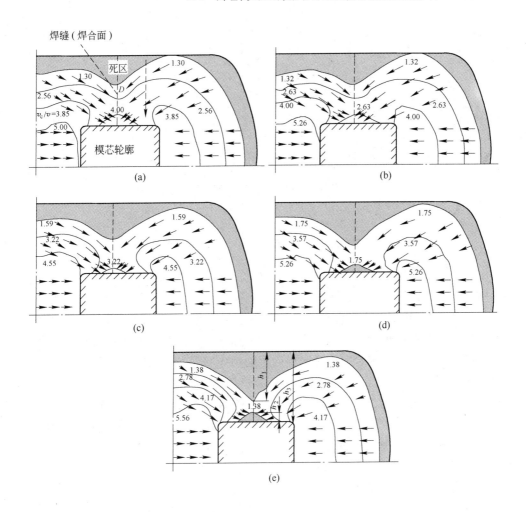

图5-18　焊合角 θ 对焊合室内 A-A 面上金属流速分布及死区的影响

(a) θ=15°；(b) θ=30°；(c) θ=45°；(d) θ=60°；(e) θ=90°

标，计算结果如图5-19所示。由图可知，随着焊合角的增加，死区比值逐渐增大。当焊合角为15°时，死区比值仅为0.42，而当焊合角达90°时，其比值达0.84。

随着焊合角的增加，焊合室内死区增大，焊合质量下降，容易在型材表面出现死皮、气泡及成层等缺陷，因此从减少死区面积的角度考虑，焊合角应该越小越好。

5.6.3　焊合角对模芯稳定性的影响

计算结果表明，焊合角大小除了直接影响焊合室内死区体积之外，对挤压过

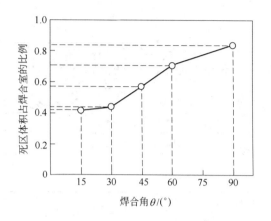

图 5-19　焊合角对死区占焊合室比例的影响

程中模芯的稳定性及挤压力的大小也有着较大影响。图 5-20 所示为随着焊合角的增加，模芯最大偏移量及挤压力的变化规律。

由图 5-20 可知，随焊合角的增加，模芯最大偏移量先减小然后趋于平缓，而挤压力呈单调增加趋势。随着焊合角的增加，分流桥斜面高度 H 减小，使得挤压时摩擦面增大，且焊合室内金属径向流动趋势增强，死区增大，导致挤压力增加。根据图 5-1(b) 所示，上模高度（即分流桥高度）H_1 为 50mm，而当焊合角为 15° 时，分流桥斜面高度 H 为 24.3mm，约为分流桥高度的一半，使得挤压过程中分流桥强度降低导致模芯稳定性差。随着焊合角的增加，分流桥斜面高度 H 减小，分流桥强度增加，从而使模芯稳定性增加，模芯最大偏移量减小。但当焊合角 θ 为 60°~90° 时，由于挤压力增加较大而使得模芯的稳定性开始下降，模芯的最大偏移量又呈增加趋势。

图 5-20 表明，当焊合角为 15° 时，模芯偏移量为 0.216mm，由此引起的方管

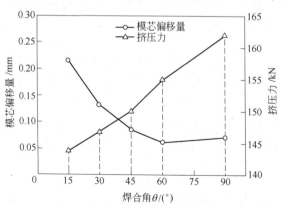

图 5-20　焊合角对模芯最大偏移量及挤压力的影响

型材壁厚偏差大于 ±0.2mm，不能满足铝型材国家标准要求（GB 5237.1—2004）。而当焊合角 $\theta \geqslant 30°$ 时，模芯偏移量迅速下降到 0.1mm 以下，但当焊合角 $\theta \geqslant 60°$ 时，有较明显的增加。同时根据前述分析可知，其死区也较大。综合考虑焊合角对焊合室内死区大小、模芯的稳定性及挤压力大小的影响，方形管双孔挤压模具合适的焊合角 θ 为 30° ~ 45°。

5.7　模拟结果与实验结果对比分析

为验证模拟结果，以方管 $[L \times t = (15 \times 2)\,mm]$ 为例，设计加工了 $Q_1/Q_2 = 0.93$，焊合角为 30° 的双孔分流模，并在 650t 卧式挤压机上进行挤压实验。挤压工艺参数和上述模拟参数相同。为了便于从模具中取出坯料，以及观测分流孔内金属的流动情况和焊合室内焊合面的位置，挤压前在模具内表面涂敷少量石墨乳。

当挤压行程为 20mm，即挤压处于分流阶段末期时，实验结果如图 5-21（a）所示，Q_1 孔内流出金属长度为 55mm，Q_2 孔内为 42mm。同一行程时的模拟结果

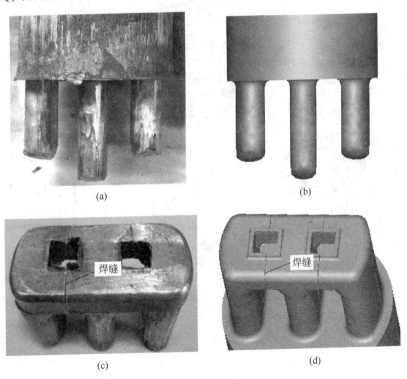

(a)　　　　　　　　　　　　(b)

(c)　　　　　　　　　　　　(d)

图 5-21　分流阶段及焊合面位置的实验和模拟结果对比

(a) 分流阶段实验结果；(b) 分流阶段模拟结果；

(c) 焊缝位置实验结果；(d) 焊缝位置模拟结果

如图 5-21（b）所示，Q_1 孔内流出金属长度为 57mm，Q_2 孔内为 45mm。模拟结果比实测结果长 2～3mm，误差小于 7%。

　　当金属充满焊合室并从模孔流出时，实验结果与模拟结果如图 5-21（c）、（d）所示。从图中可以看出，模拟与实际结果在外形和焊合面位置上皆吻合，焊缝（焊合面）位置偏向 Q_1 孔，挤压实验的焊缝（焊合面）位置偏移了 1.2mm，模拟结果为 1.1mm，误差小于 10%。

　　稳态挤压时，金属流动行为的实验和模拟结果如图 5-22 所示。截取如图 5-22（a）所示的挤压实验试样，并对取样平面 A 和 B 进行打磨抛光，采用 25% 的 NaOH 水溶液侵蚀 2min，试样的低倍金相组织如图 5-22（b）、（d）所示。其中，将晶粒未发生明显变形的区域视为死区。

　　有限元模拟的金属流速分布如图 5-22（c）、（e）所示。对比模拟结果和实验结

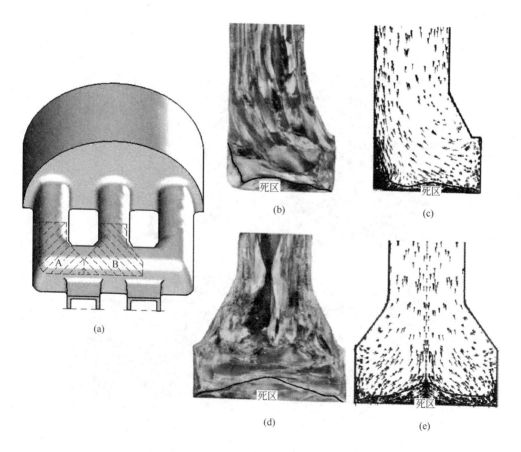

图 5-22　金属流动景象实验和模拟结果对比

（a）取样位置；（b）A 部位金属流动景象（实验结果）；（c）A 部位金属流动景象（模拟结果）；

（d）B 部位金属流动景象（实验结果）；（e）B 部位金属流动景象（模拟结果）

果可知，两者在金属流动景象、死区位置和形状等方面基本吻合，表明本节所建立的几何模型、边界条件的处理、模拟结果等较为合理，对分流模结构设计及优化具有参考意义。

参 考 文 献

[1] Murakami S. Adoption of aluminum extrusion and it stechnology[J]. Journal of the Japan Society for Technology of plasticity, 2008, 49(567):25～30.

[2] Xie J X, Murakami T, Iked A K. Experimental simulation of metal flow in porthole-die extrusion [J]. Journal of Materials Processing Technology, 1995, 49(1/2):1～11.

[3] Chanda T, Zhou J, Kowalski L. 3D FEM simulation of the thermal events during AA6061 aluminum extrusion[J]. Scripta Materialia, 1999, 41(2):195～202.

[4] Yang D Y, Park K, Kang Y S. Integrated finite element simulation for the hot extrusion of complicated Al alloy profile[J]. Journal of Materials Processing Technology, 2001, 111(1/3):25～30.

[5] Jo H H, Lee S K, Jung S C. A non-steady state FE analysis of Al tubes hot extrusion by a porthole die[J]. Journal of Materials Processing Technology, 2006, 173(2):223～231.

[6] Yang D Y, Kim K J. Design of processes and products through simulation of three-dimensional extrusion[J]. Journal of Materials Processing Technology, 2007, 191(1/3):2～6.

[7] 程磊, 谢水生, 黄国杰, 等. 分流组合模挤压过程的有限元分步模拟 [J]. 系统仿真学报, 2008, 20(24):6603～6608.

[8] Jung M L, Byung M K, Chung G K. Effects of chamber shapes of porthole die on elastic deformation and extrusion process in condenser tube extrusion[J]. Materials and Design, 2005, 26(4):327～336.

[9] Li L, Zhang H, Zhou J. Numerical and experimental study on the extrusion through a porthole die to produce a hollow magnesium profile with longitudinal weld seams[J]. Materials and Design, 2008, 29(6):1190～1198.

[10] Jo H H, Lee S K, Lee S B. Prediction of welding pressure in the non-steady state porthole die extrusion of Al7003 tubes[J]. International Journal of Machine Tools and Manufacture, 2002, 42(6):753～759.

[11] Donati L, Tomesani L. The prediction of seam welds quality in aluminum extrusion[J]. Journal of Materials Processing Technology, 2004, 153: 366～373.

[12] 黄东男, 李静媛, 张志豪. 一种空心型材分流模挤压焊合过程数值模拟技术：中国, 200910088960.7[P]. 2010-10-27.

[13] 黄东男, 李静媛, 张志豪, 等. 方形管分流模双孔挤压过程中金属的流动行为[J]. 中国有色金属学报, 2010, 20(3):487～495.

[14] 黄东男，张志豪，李静媛，等. 焊合室深度及焊合角对方形管分流模双孔挤压成形质量的影响[J]. 中国有色金属学报，2010，20(5):954~960.

[15] 程磊，谢水生，黄国杰，等. 焊合室高度对分流组合模挤压成形过程的影响[J]. 稀有金属，2008，32(4):442~446.

[16] 熊惟皓，周理. 中国模具工程大典(第2卷)[M]. 北京：电子工业出版社，2007.

复杂断面空心型材挤压过程模拟

随着航空航天、轨道交通、机械制造等领域的高速发展，对异形复杂的特种空心铝型材需求逐渐增加。此类型材作为上述领域的重要构件，要求具有高尺寸精度、形位公差及良好的综合性能[1~9]。

采用分流模挤压特种空心铝型材是目前最为可行的生产加工方法[10~12]。此类型材模具的分流孔数目多、模腔结构复杂，相关尺寸繁杂，设计难度较大，依靠工程类比和模具设计师个人经验的传统模具设计方法很难满足要求。目前以数值模拟取代部分实验，已成为研究复杂构件精确成型过程、制定合理模具结构、优化工艺、奠定成型理论的最有效手段。

分流模挤压焊合过程是连接分流与成型过程的纽带[13]，尤其是对于复杂断面空心型材，分流孔多且面积、形状不同，焊合室内金属流变行为、焊缝位置难以预测，而只有准确获得分流模模腔内围绕模芯的金属焊合过程、焊缝形状与位置情况，才能合理设置分流孔配置，挤出表面平直的型材制品。

目前数值模拟方法尚不能直接模拟其挤压焊合过程，采用作者等人提出的焊合区网格重构技术[14~16]，可解决该计算难题，揭示该类型材挤压焊合过程的金属流变行为、焊合面位置、焊合力、型材成型质量等，在此基础上可对模具的主要参数，分流孔面积、位置、宽展角等结构参数进行合理配置。

6.1 计算条件

6.1.1 模具结构尺寸

图 6-1 所示为复杂断面空心型材的断面结构及主要尺寸，由图可知，断面面

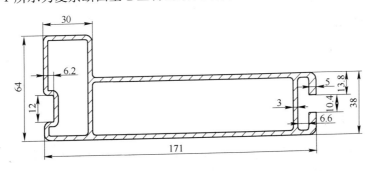

图 6-1 复杂断面空心型材断面形状及尺寸

积为 1435.5mm²，具有两个型孔、一个凹槽（左侧）、一个 C 形槽（右侧）。

挤压成型所需的分流模三维实体模型及其相应尺寸参数如图 6-2 所示。可以看出上模有 8 个分流孔、2 个模芯和 1 个引流孔。下模焊合室轮廓尺寸和上模分流孔出口处轮廓尺寸相同。其主要参数尺寸见表 6-1。

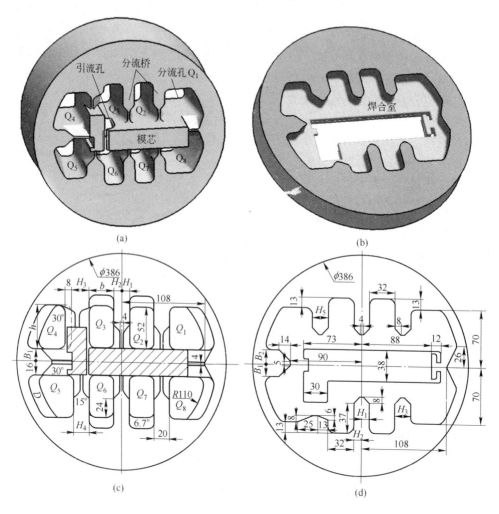

图 6-2　模具结构示意图

（a）上模；（b）下模；（c）上模尺寸参数；（d）下模尺寸参数

6.1.2　几何模型

模拟计算时将 A6××× 铝合金坯料设为黏塑性材料，模具设为刚性材料，坯料和模具之间选用剪切摩擦模型，摩擦因数 $m = \sqrt{3}\,\dfrac{\tau}{\sigma}$（$\tau$ 为接触摩擦切应力，

σ 为材料的流动应力）。根据 A6×××铝合金的圆环压缩实验结果，取 $m=1$。参考现场生产工艺，坯料温度 500℃、模具温度 480℃、挤压筒温度 420℃、挤压垫温度 30℃，挤压速率 2mm/s，有限元模型沿箭头方向装配前的位置情况如图 6-3 所示。

表 6-1 模具主要结构尺寸

H_1、H_2/mm	10	挤压筒直径 D/mm	238
H_3/mm	23	分流孔面积 Q_1、Q_5、Q_8/mm²	1881.9
H_4、H_5/mm	20	分流孔面积 Q_2、Q_3、Q_6、Q_7/mm²	1594.5
分流孔宽度 b/mm	32	分流孔面积 Q_4/mm²	1418.0
宽展角 D/(°)	6.7	上模厚度 T_1/mm	142
焊合压缩比 K	9.3	分流孔深度 d/mm	110
B_1/mm	13	模芯长度 L/mm	32
B_2/mm	16	下模厚度 T_2/mm	87
引流槽宽度 W/mm	11	焊合室深度 h/mm	21
焊合角 θ/(°)	30	挤压比 R	30.9

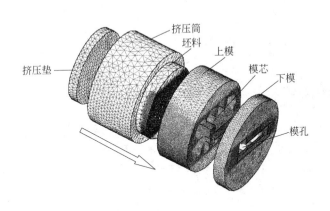

图 6-3 有限元几何模型（装配前）

6.1.3 焊合区网格重构

对于本工作的空心型材，根据模具结构，共有 9 个焊合区，在模拟计算时根据焊合顺序对 9 个焊合区逐一进行网格重构才能获得所需结果，如对分流桥下和引流孔内的焊合区进行网格重构，其情况如图 6-4 所示[17]。

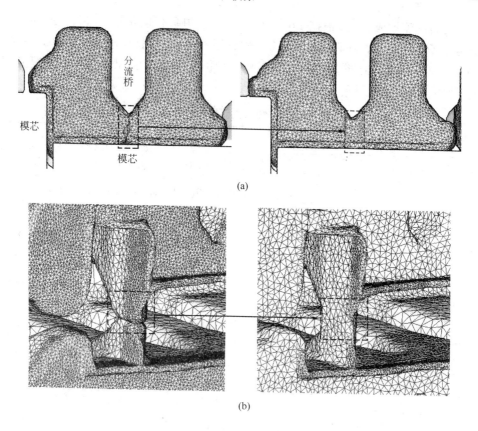

图 6-4 焊合区网格单元重构

（a）分流桥下焊合区网格重构；（b）引流孔内焊合区网格重构

6.1.4 网格局部细化

为了兼顾计算速度与计算精度，模拟过程中采用了按不同区域设计网格大小的方法，如图 6-5 所示。挤压筒内不变形部分网格尺寸为 30mm，分流孔入口处网格尺寸为 3mm，分流孔内网格单元尺寸为 7mm，分流桥及焊合室内网格单元尺寸为 3mm，型腔模孔入口处网格单元尺寸为 1mm。

6.2 金属流动行为分析

6.2.1 挤压出型材头部形状

该型材挤压分流、焊合及成型阶段的模拟结果，如图 6-6 所示[18]。由图 6-6（a）可知，在分流阶段金属从上模的 8 个分流孔中流出，中部 4 个孔流速快、边部 4 个孔流速慢，随着挤压行程的增加，各孔内分流的金属长度差逐渐增大，当中部孔的金属率先与焊合室底面接触、开始径向流动时（中间 4 孔内

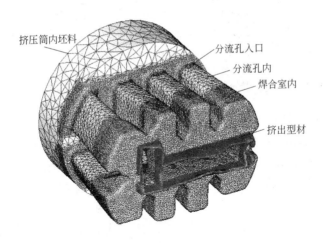

挤压筒内坯料
分流孔入口
分流孔内
焊合室内
挤出型材

图 6-5　稳态挤压时网格单元划分

分流的金属头部呈平面），边部孔内金属尚距离焊合室底面有一定的距离，如图 6-6（b）所示。该型材具有 9 个焊合面，模具设计时，很难满足同时焊合条

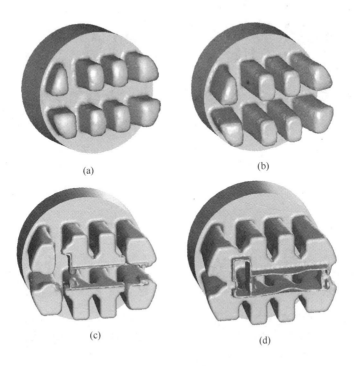

(a)　　　　　　　　　　(b)

(c)　　　　　　　　　　(d)

图 6-6　挤压过程金属流动行为

（a）分流阶段（行程 21.2mm）；（b）分流到焊合室（行程 36.7mm）；
（c）焊合过程中（行程 50.2mm）；（d）挤出型材头部（行程 52.0mm）

件，其焊合某一过程如图6-6（c）所示。在成型阶段，挤出型材的断面流速不均，中部流速远大于左侧边部，型材底边中间部位上产生了卷翘，如图6-6（d）所示。

6.2.2　焊合过程金属流速分析

根据上述计算结果，很难准确推断产生缺陷的各分流孔的关联情况。而清楚再现密闭的焊合室内金属围绕模芯的流动行为、焊合面的焊合顺序及位置等金属流变焊合特征，可为分流孔配置优化设计提供有效的理论依据[18]。

在分流阶段，中部4孔内的金属流速远高于两侧4孔。当行程为36.7mm时，中部4孔金属开始同时填充焊合室，而此时两侧4孔的金属尚处于分流阶段，在行程达到41.3mm时，抵达焊合室，此时分流阶段完成，8孔内的金属开始填充焊合室。在焊合室内的金属流动行为如图6-7所示，焊合的初始阶段如图6-7（a）所示。

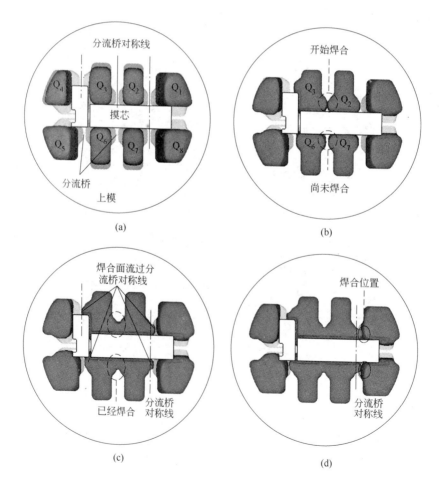

（a）

（b）

（c）

（d）

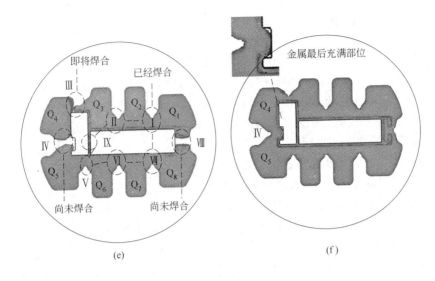

图 6-7　焊合过程金属流动行为

(a) 行程 41.3mm；(b) 行程 48.4mm；(c) 行程 49.7mm；(d) 行程 50.2mm；
(e) 行程 51.0mm；(f) 行程 51.8mm

根据图 6-7(b)可知，在行程为 48.4mm，Q_2 和 Q_3 孔间的焊合面最先开始焊合，此时 Q_6 和 Q_7 等孔间焊合面尚未开始焊合。当行程达到 49.7mm 时，Q_2 和 Q_3 孔、Q_6 和 Q_7 孔焊合面完成焊合，如图 6-7(c)所示。由图 6-7(c)还可知，由于此 4 孔内金属流速明显高于边部（Q_1、Q_4、Q_5 和 Q_8）分流孔，使得向边部分流的焊合面流过分流桥的对称面，导致焊合位置偏离分流桥对称线，如图 6-7(d)所示。这种分流桥下的金属流动不均，不仅对挤出型材的平直度产生影响，也将使得分流桥受力不均，影响使用寿命。

当挤压行程 51.0mm，根据图 6-7(e)可知，图中 Ⅰ ~ Ⅸ 代表 9 个焊合部位，此时 Q_1 和 Q_2 孔（Ⅰ）、Q_5 和 Q_6 孔（Ⅴ）、Q_7 和 Q_8 孔（Ⅶ）、Q_3 和 Q_6（Ⅸ）引流孔的金属都已经完成焊合，加上率先完成焊合的 Q_2 和 Q_3 孔（Ⅱ）、Q_6 和 Q_7 孔（Ⅵ），焊合室内 9 个焊合部位，已经完成了 6 个。剩余 3 个部位中，Q_3 和 Q_4 孔（Ⅲ）间焊合面即将产生焊合，只有 Q_4 和 Q_8（Ⅷ）孔内焊合面相距较远。随着挤压行程的增加，在剩余 3 个未完成的焊合部位（Ⅲ、Ⅳ、Ⅷ）中，由于 Q_4 和 Q_5 孔（Ⅳ）处的凹形槽角部难以填充，同时 Q_4 和 Q_5 孔处于边部，金属流速慢，因此 Q_4 和 Q_5 孔（Ⅳ）是整个焊合室内最后充满的部位，如图 6-7(f)所示。当挤压行程达到 52.0mm 时，整个焊合过程结束，开始完全进入成型阶段，此时的型材头部形状如图 6-6(d)所示。

6.3 模具结构优化

通过上述模拟结果可得，产生挤出型材缺陷的主要原因是模具的边部 Q_1、Q_4、Q_5 和 Q_8 等 4 个分流孔相对中部 4 孔流速过慢，其中 Q_4 孔流速最慢同时金属流量少；中间 4 孔流速也存在不均匀现象，Q_1 孔快，Q_6 和 Q_7 孔慢。为了使焊合部位尽量保持在分流桥的对称线附近，同时尽量满足各焊合面能够同步焊合，对分流孔尺寸配置优化如下：

（1）为提高边部 4 孔流速，将宽展角 D 由 6.7° 减为 5.2°。

（2）通过减小 Q_4 孔与模具中心的距离、增加分流孔面积，提高 Q_4 孔金属流速及流量。为此将 H_3 由 23mm 减为 20mm，使得 Q_4 与 Q_3 的间距变为 28mm，分流孔底部距离中心线距离 B_1 由 13mm 减为 10mm，相应的 h_1 增加到 58mm，从而 Q_4 孔面积增为 1796.7mm²。

（3）为了有利于凹形槽部位的填充，将 Q_5 和 Q_6 孔间距 H_4 由 23mm 增为 25mm。

（4）通过减小中部 Q_2 和 Q_7 孔的金属流量，改善 Q_1 和 Q_2、Q_7 和 Q_8 孔间的焊合位置。为此将 Q_2 和 Q_7 孔的宽度 b 由 32mm 减为 30mm，其面积减为 1505.1mm²，与挤压筒中心距离 H_1 由 10mm 增加到 13mm。

分流孔大小及位置改进前后，分流过程中各分流孔内金属的流速如图 6-8 所示。由图可知，分流孔配置经过优化，挤压筒边部分流孔 Q_1，Q_4，Q_5，Q_8 的金属流速得到了明显提高，进而与中间分流孔内金属流速的差值减小。同时各分流孔内金属到达焊合室底面的时间缩短，使得焊合室填充阶段的金属流动均匀性得到改善。

分流孔配置尺寸优化前后，当 Q_2 和 Q_3 孔（Ⅱ）开始焊合时，焊合室内各

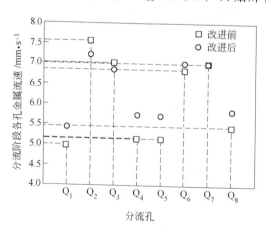

图 6-8　分流过程中各分流孔内的金属流速

焊合面的流速及位置情况如图 6-9 所示，v_1 和 v_2 分别为优化前后焊合面流速，图中深颜色区为优化前焊合面的流动位置，浅色区为优化后的位置。

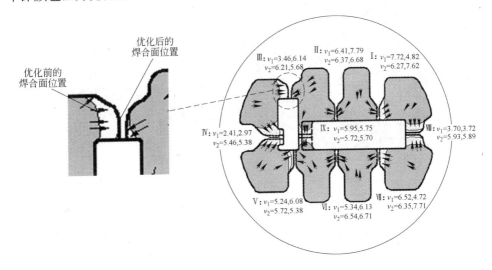

图 6-9　模具优化前后焊合面流速

由图 6-9 可知，对于焊合部位Ⅲ，焊合面优化前的流速 v_1 为 3.46，6.14 mm/s，左低右高，两者流速相差 2.68mm/s，这使得焊合部位在分流桥对称线的左侧。优化后流速 v_2 为 6.21，5.68mm/s，两者流速差仅为 0.53mm/s，使得焊合部位基本保持在分流桥的对称线。同理可知，各个焊合面的流速差均得到较大改善，同时焊合部位从原来的仅有 1 个Ⅱ，增加到Ⅰ、Ⅱ、Ⅳ、Ⅵ、Ⅶ共 5 个部位，焊合的同步性得到较大改善，如图 6-10 所示。可见分流孔配置优化后，焊

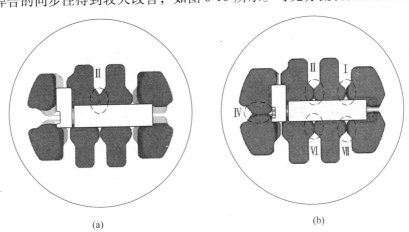

(a)　　　　　　　　　　　　(b)

图 6-10　模具优化前后焊合面位置

(a) 优化前；(b) 优化后

合室内金属的流动均匀性得到了较大改善，消除了优化前挤出型材断面流速不均、底面卷翘、分流桥受力不均等缺陷，改善了挤出型材的外形质量，提高了模具寿命，如图6-11所示。

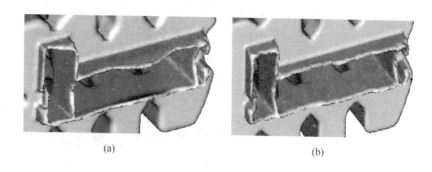

(a)   (b)

图6-11   挤出型材外形
（a）优化前；（b）优化后

6.4   型材断面温度分布

模具结构尺寸调整后，型腔出口处型材横断面的温度场分布如图6-12所示[17]。由图可知，分流孔配置调整前后，挤出型材断面的最大温度相同，只是

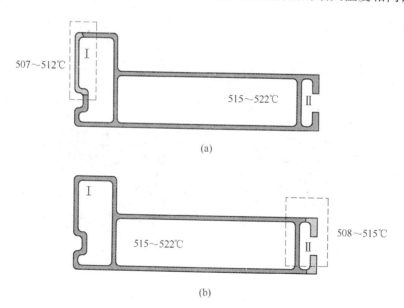

图6-12   型腔出口处型材横断面温度分布
（a）优化前；（b）优化后

Ⅰ和Ⅱ部位的温度产生了变化。改进前Ⅰ部位的温度较低，如图6-12(a)所示，而型材其他部位的温度皆等于Ⅱ部位温度。主要是由于模具结构改进后，Q_4面积增加，比表面积增加，塑性变形与摩擦增加，使得Ⅰ部位温度升高；同时Q_1和Q_8的导流角减小，比表面积减少，塑性变形与摩擦减小，从而使得B部位温度降低。

根据型材断面尺寸可知，Ⅱ部位（C形槽）型材壁厚较大，比其他部位更容易被挤出模孔，增大了型材断面各部位流速的不均匀性，模具结构改进后，Ⅱ部位（C形槽）温度低于其他部位7~14℃，则其变形抗力高于断面上其他部位，可一定程度上抵消上述厚壁部位金属流动快的影响，促进型材断面上金属流动均匀性。

6.5 焊合室静水压力分布

分流模挤压过程中，焊合室内静水压力决定着焊合质量及模芯均匀受力情况，模具结构优化后，稳态挤压时金属变形体的静水压力分布如图6-13所示。由图6-13可知，焊合室内的静水压力分布由焊合室周边向模芯表面逐渐减小，模芯周围所受静水压力分布均匀，约为253MPa，能够满足焊合要求。由于模芯受不均应力作用而产生偏移是导致型材断面壁厚偏差的主要因素之一，由图6-13可知，模芯受力均匀，不容易产生偏移，有利于提高模具使用寿命，减小和避免型材壁厚超差缺陷。

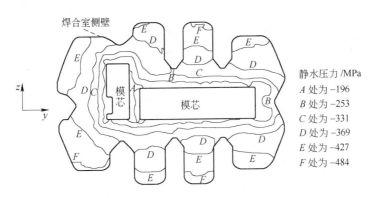

静水压力/MPa
A处为 -196
B处为 -253
C处为 -331
D处为 -369
E处为 -427
F处为 -484

图6-13 焊合室内静水压力分布（稳态挤压）

6.6 挤压实验

根据优化后的模具尺寸，加工制作的分流模模具如图6-14所示。采用模拟工艺参数，在2500t卧式挤压机上进行生产实验，初始阶段（挤出型材的头部）和稳态挤压时型材外形的模拟和挤压实验结果，如图6-15所示。由图可知，模拟结果和实验结果中金属流动行为的趋势基本相同，表明采用此计算方法可为复杂断面空心铝型材分流模挤压分流、焊合，成型过程金属流动行为规律以及模具结构优化设计提供理论参考。

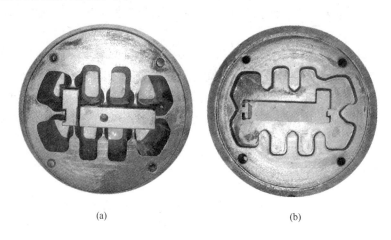

(a)　　　　　　　　　　　　(b)

图 6-14　分流组合模

（a）上模；（b）下模

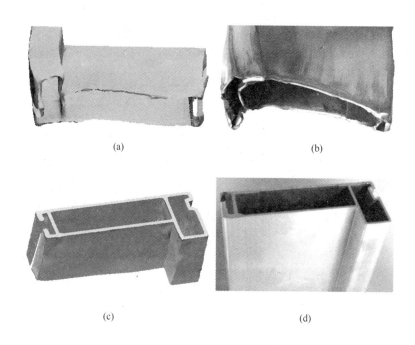

(a)　　　　　　　　　　　　(b)

(c)　　　　　　　　　　　　(d)

图 6-15　模拟结果和实验结果

（a）初始阶段（模拟结果）；（b）初始阶段（实验结果）；

（c）稳态阶段（模拟结果）；（d）稳态阶段（实验结果）

参 考 文 献

[1] 邸利青，张士宏．分流组合模挤压过程数值模拟及模具优化设计[J]．塑性工程学报，2009，16(2):123~127.

[2] 唐鼎，邹天下，李大永，等．亚毫米孔径微通道铝合金管挤压成形的数值模拟[J]．塑性工程学报，2011，18(3):25~29.

[3] Liu P, Xie S S, Cheng L. Die structure optimization for a large, multi-cavity aluminum profile using numerical simulation and experiments[J]. Materials and Design, 2012, 36: 152~160.

[4] Zhang C S, Zhao G Q, Chen Z R, et al. Effect of extrusion stem speed on extrusion process for a hollow aluminum prole [J]. Materials Science and Engineering: B, 2012, 177 (19): 1691~1697.

[5] Liu G, Zhou J, Duszczyk J. FE analysis of metal flow and weld seam formation in a porthole die during the extrusion of a magnesium alloy into a square tube and the effect of ram speed on weld strength[J]. Journal of Materials Processing Technology, 2008, 200(1-3):85~98.

[6] Yang D Y, Kim K J. Design of processes and products through simulation of three-dimensional extrusion[J]. Journal of Materials Processing Technology, 2007, 191(1-3):2~6.

[7] 徐磊，赵国群，张存生，等．多腔壁板铝型材挤压过程数值模拟及模具优化[J]．机械工程学报，2011，47(22):61~68.

[8] 喻俊荃，赵国群，张存生，等．阻流块对薄壁空心铝型材挤压过程材料流速的影响[J]．机械工程学报，2012，48(16):52~58.

[9] 宋佳胜，林高用，贺家健，等．列车车体106XC型材挤压过程数值模拟及模具优化[J]．中南大学学报（自然科学版），2012，43(9):3372~3379.

[10] 谢建新．金属挤压技术的发展现状与趋势[J]．中国材料进展，2013，32(5):254~263.

[11] 谢建新，刘静安．金属挤压理论与技术[M].2版．北京：冶金工业出版社，2012.

[12] 张志豪，谢建新．挤压模具数字化设计与数字化制造[J]．中国材料进展，2013，32(5):293~299.

[13] 黄东男，于洋，宁宇，等．分流模挤压非对称断面铝型材有限元数值模拟分析[J]．材料工程，2013(3):32~37.

[14] 谢建新，黄东男，李静媛，等．一种空心型材分流模挤压焊合过程数值模拟技术：中国，ZL200910088960.7[P].2010-10-27.

[15] 黄东男，李静媛，张志豪，等．方形管分流模双孔挤压过程中金属的流动行为[J]．中国有色金属学报，2010，20(3):488~495.

[16] 黄东男，张志豪，李静媛，等．焊合室深度及焊合角对方形管分流模双孔挤压成形质量的影响[J]．中国有色金属学报，2010，20(5):954~960.

[17] Huang D N, Zhang Z H, Li J Y, et al. FEM analysis of metal flowing behaviors in porthole die extrusion based on the mesh reconstruction technology of the welding process[J]. International Journal of Minerals, Metallurgy and Materials, 2010, 17(6):763~769.

[18] 黄东男, 于洋, 李有来, 等. 复杂断面空心铝型材分流模挤压焊合过程金属流变行为分析[J]. 材料工程, 2014(9):68~75.

变形体与工作带表面分离的
解决方法

由于实心型材挤压模具通常不需要采用分流模进行挤压,型材断面各部位金属流动的均匀性主要依靠不等长工作带进行调节。因此合理的不等长工作带结构尺寸是获得高表面质量、高尺寸精度挤压实心型材产品的关键[1~3]。

采用现有的数值模拟技术进行分析时,由于计算过程中变形体和工作带表面会产生分离,无法准确获得不等长工作带结构尺寸对金属流动变形行为的影响,导致模拟结果与实际结果相差较大[4~8]。

为了解决该问题,作者等人提出了将模具和工作带设为两个独立的几何实体,在挤压筒内壁、模具表面和变形体之间选用剪切摩擦模型,在变形体和工作带表面之间选用库仑摩擦模型的分体式建模,同时结合将工作带设计为$1° ~ 2°$的斜面工作带的方法[9]。

7.1 变形体和工作带表面分离现象

挤压成型三维数值模拟过程中,变形体的边界节点与模具表面的接触状态不断发生变化,这种动态变化的接触边界条件属于高度非线性问题。同时变形体通常由四面体网格单元组成,当变形体挤入模口和工作带的拐角部位时变形最为剧烈,单元网格畸变最为严重,网格重划最为频繁,使得由四面体网格单元构成的变形体很难精确逼近此拐角[10],导致此部位的变形体表面与模具工作带表面形成一定的夹角β,如图7-1所示。

由于β的存在,变形体表面与模具工作带表面的间距h(如图7-1所示)大于接触判据(也称接触容差,若变形体和模具表面间网格单元点的接触距离小于此接触容差,则认为两者处于接触状态,否则认为两者处于分离状态),从而造成模拟过程中成变形体与工作带表面处于局部接触状态或分离状态。最终无法准确获得工作带结构尺寸对金属流动变形行为的影响,使得模拟结果与实际结果相差较大。

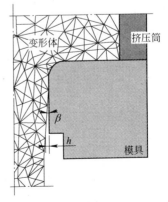

图 7-1　变形体与工作带表面分离情况

由于目前的有限元分析法无法有效解决变形体与工作带表面的局部接触或分离问题，因此不能模拟不等长工作带结构尺寸对金属流速的阻碍约束作用，从而无法准确分析其结构尺寸对挤出型材外形的影响。

7.2　解决方法

为了分析工作带结构尺寸对金属流动行为的影响，必须解决由变形体与工作带表面局部接触或脱离现象，导致的两者间摩擦模型无法获得相应的摩擦力，使得工作带对金属流动阻碍作用减小和失效的关键问题。

摩擦模型主要分为剪切摩擦和库仑摩擦两种形式。目前关于铝及铝合金挤压过程的模拟通常选用整体式建模（模具和工作带为一整体）、剪切摩擦模型进行计算（忽略工作带对金属流动的阻碍作用）。然而事实上，变形体与挤压筒内壁和模具表面之间是处于黏着摩擦状态，适用剪切摩擦模型。当金属流入模孔后已不产生明显的塑性变形，变形体与工作带表面之间处于滑动摩擦状态，应选用库仑摩擦模型。为此应该采用分体式几何建模方式，即将模具和工作带设为两个独立的几何实体，才能在挤压筒内壁、模具表面和变形体之间选用剪切摩擦模型，变形体和工作带表面之间选用库仑摩擦模型。

在基于分体式几何建模的基础上，为了解决变形体和工作带表面间局部接触问题，分别通过基于以下 3 种模拟手段进行模拟分析，获得一种解决该问题的合理模拟方案。

（1）在 Deform-3D 中选用 Non-separable 命令（简称强制黏着法）。即强制变形体表面和工作带表面处于完全接触状态。

（2）在型材表面施加附加压力（简称附加压力法）。人为在型材与工作带表面处于分离的工作带表面施加一定的压力，从而使得库仑摩擦模型起到相应作用。

（3）斜面工作带法。在工作带实体建模时，将工作带表面设计为与挤压方向呈 $1° \sim 2°$ 的倾角的斜面，以弥补变形体表面将与模具工作带表面形成夹角 β，从而使变形体和工作带表面始终处于完全接触状态。

在以上 3 种方案的基础上，分别结合常规数值模拟计算（采用整体式建模，模具和工作带为一整体、选用剪切摩擦模型、选用 Deform-3D 软件默认的变形体和工作带表面的接触方式）；分体式建模、库仑摩擦模型模拟计算（选用 Deform-3D 软件默认的变形体和工作带表面的接触方式）。

7.3　计算模型

为便于判断模拟结果的合理性及提高计算效率，以宽为 25mm、厚为 4mm 的小断面矩形型材为例，通过不等长工作带来解决采用模孔中心左移[如图 7-2（a）所示]时挤出型材的刀弯缺陷，进而分析上述 3 种计算方法的合理性。考虑到挤出型材厚度方向的对称性，取 1/2（阴影部位）进行模拟计算分析，见图 7-2（a）中的 *A-A* 剖面。

当采用如图 7-2（a）所示的模孔中心左移的等长工作带挤压时，由于模孔右边部靠近挤压筒中心，型材右侧表面金属流速高于远离其中心的型材左侧断面，导致挤出型材断面产生左侧（x 轴负向）的刀弯。为了消除刀弯，挤出外形平直的型材，在图 7-2（a）的模孔中心位置不变的前提下，设计了如图 7-2（c）所示的不等长工作带，以及图 7-2（d）所示的不等长斜面工作带。在上述 3 种方案的基础上，结合常规数值模拟方法、分体式建模、库仑摩擦的计算方法，设置了 11 组计算方案，见表 7-1。用 No. 1 ~ No. 11 代表表 7-1 中 11 组计算方案。

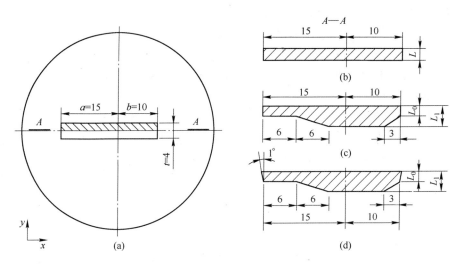

图 7-2　模孔配置及工作结构尺寸示意图

（a）模孔配置示意图；（b）等长工作带；（c）不等长工作带；（d）不等长斜面工作带

表 7-1　不同工作带结构及边界条件的计算模型

工作带类型	等长工作带[图 7-2(b)]		不等长工作带[图 7-2(c)]							不等长斜面工作带[图 7-2(d)]	
方案代号	No. 1	No. 2	No. 3	No. 4	No. 5	No. 6	No. 7	No. 8	No. 9	No. 10	No. 11
工作带长度/mm	$L=2$	$L=2$	$L_0=2$ $L_1=4$	$L_0=2$ $L_1=4$	$L_0=2$ $L_1=4$	$L_0=2$ $L_1=4$	$L_0=2$ $L_1=4$	$L_0=2$ $L_1=4$	$L_0=2$ $L_1=4$	$L_0=2$ $L_1=4$	$L_0=2$ $L_1=3$
接触边界条件	软件默认	软件默认	软件默认	软件默认	强制黏着法	强制黏着法	附加压力法(20MPa)	附加压力法(40MPa)	附加压力法(60MPa)	斜面工作带法(1°)	斜面工作带法(1°)
摩擦模型	剪切	库仑	剪切	库仑	剪切	库仑	库仑	库仑	库仑	库仑	库仑
建模方式	整体	分体	整体	分体	分体	分体	分体	分体	分体	分体	分体

对于图 7-2(b) 的等长工作带，选用 2 个模型来计算：

（1）选用常规方法计算（整体式建模，即模具和工作带为一整体、剪切摩擦模型、Deform-3D 软件默认的变形体和工作带表面的接触方式），在表 7-1 中代号为 No. 1。

（2）选用分体式建模，变形体和工带表面选用库仑摩擦模型、与挤压筒内壁和模具表面之间选用剪切摩擦模型，选用软件默认的接触方式构建模型进行计算，在表 7-1 中代号为 No. 2。

对于图 7-2（c）的不等长工作带，选用以下 7 个模型来计算：

（1）常规方法计算，表 7-1 中代号为 No. 3。

（2）基于分体式建模，选用软件默认的接触方式，变形体和工带表面用库仑摩擦模型，在表 7-1 中代号为 No. 4。

（3）分体式几何建模，强制黏着接触方式，分别选用剪切和库仑摩擦模型进行计算，在表 7-1 中代号为 No. 5 和 No. 6。

（4）不等长工作带，基于分体式几何建模，结合附加压力法，选用库仑摩擦模型进行计算，在表 7-1 中代号为 No. 7 ~ No. 9。

对于图 7-2（d）所示不等长斜面工作带，选用 2 个模型来计算：

基于分体式几何建模，结合斜面工作带法，选用库仑摩擦模型进行计算，在表 7-1 中代号为 No. 10 和 No. 11，其中 No. 10 的工作带长度比 No. 11 长。

数值模拟时，在摩擦模型的选择方面，对于剪切摩擦模型，选用恒定摩擦因子的剪切摩擦模型，$m = \sqrt{3}\,\dfrac{\tau}{\sigma}$（$m$ 为摩擦因子，τ 为接触摩擦切应力，σ 为材料的流动应力），$m = 1$。

对于库仑摩擦模型，选用变形体和工作带表面之间与压力有关的库仑摩擦模型，$\mu = \mu_0(1 - e^{\alpha p})$，（$\mu$ 为摩擦因子，μ_0 为常数，α 为常数，p 为压力），$\mu_0 = 0.57$，$\alpha = 0.012$。

挤压工艺条件为：坯料（A6005 铝合金）温度 450℃，挤压筒温度 420℃，模具（模具表面和工作带）温度 430℃，挤压垫温度 30℃，挤压轴速度 3mm/s。挤压筒直径为 40mm，挤压比为 12.6。构建的分体式几何计算模型，如图 7-3 所示。

为提高模拟计算效率，在有限元软件 Deform-3D 中，通过绝对网格划分方法，对变形体进行分段网格细化。模孔入口区域、工作带区域的变形体网格单元尺寸为 0.4mm；挤出模孔后变形体的网格单元尺寸为 1mm；挤压筒内未变形区的变形体网格单元尺寸为 5mm。

7.4　各方案的金属流动行为对比分析

挤压行程为 2mm 时，上述 11 组方案的计算结果和挤压实验的结果如图 7-4 所示[11]。图中虚线表示工作带结构轮廓、挤出外形平直的型材轮廓。图中工作带

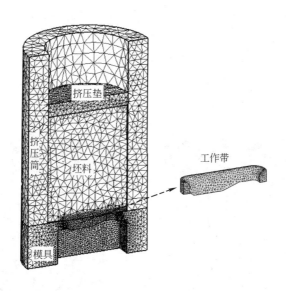

图7-3 几何模型及网格划分（1/2 模型）

轮廓内型材表面的"白点"代表工作带表面与变形体网格的接触程度，其密集程度越高，型材表面和工作表面的接触面积越大。挤出型材头部弯曲程度以其横断面偏离挤压筒中心的距离表示，如中心左侧（沿 x 轴负向）型材头部的偏移量 $\Delta a = |a - a_0|$，中心右侧（沿 x 轴正向）型材头部的偏移量 $\Delta b = |b - b_0|$。

对于等长工作带，根据 No.1 和 No.2 方案计算结果，挤出的型材产生了左侧（x 轴负向）刀弯，如图 7-4(a)、(b) 所示。由图可知，两者的刀弯程度 Δa 相差 0.16mm，Δb 相差 0.22mm，可见由 No.1 和 No.2 挤出的型材刀弯程度大致相同，并且和挤压实验结果 7-4(c) 比较吻合。根据图 7-5(a)、(b) 中工作带轮廓内的"白点"分布情况可知，变形体与工作带的处于局部接触状态。主要是由于在变形体和工作带表面间选择了软件默认的接触方式。

对于不等长工作带，No.3 和 No.4 区别仅为整体模型和分体模型，计算仍用常规方法。No.3 计算后型材产生了左侧刀弯，刀弯程度接近 No.1 和 No.2，如图 7-4(d) 所示。采用 No.4 计算所得的挤出型材外形平直，如图 7-4(e) 所示。根据模拟结果，对于 No.3 和 No.4，虽然在变形体和工作带表面间都选择了软件默认的接触方式，同时变形体与工作带表面都处于局部接触状态，但 No.4 比 No.3 的接触面积大，从而 No.4 的不等长工作带对金属的流动阻碍作用大，所以有效地改善了挤出型材产生的刀弯现象。可见即使采用软件默认的接触方式时，基于分体式建模结合库仑摩擦模型所得的计算结果比常规方法对金属流动阻碍作用明显增大。

对于不等长工作带，基于分体式建模，结合强制黏着法，分别采用剪切摩擦模型（No.5）和库仑摩擦模型（No.6）计算所得挤出型材外形，如图7-4（f）、（g）所示。由图可知，由于都采用强制黏着法，所以型材和工作带表面始终处于完全接触状态。No.5相对于常规方法（No.3）挤压过程中金属的流动性行为产生了显著的变化，挤出型材由原来的向左侧刀弯变为右侧刀弯，偏移程度 Δa 为

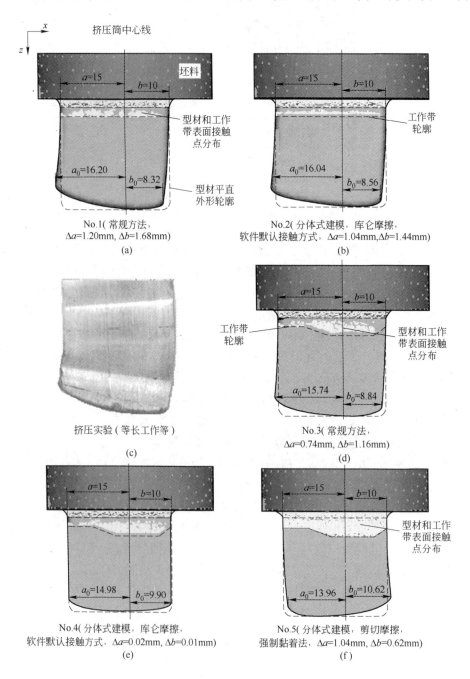

No.1(常规方法，Δa=1.20mm,Δb=1.68mm)
(a)

No.2(分体式建模，库仑摩擦，软件默认接触方式，Δa=1.04mm,Δb=1.44mm)
(b)

挤压实验(等长工作等)
(c)

No.3(常规方法，Δa=0.74mm, Δb=1.16mm)
(d)

No.4(分体式建模，库仑摩擦，软件默认接触方式，Δa=0.02mm,Δb=0.01mm)
(e)

No.5(分体式建模，剪切摩擦，强制黏着法，Δa=1.04mm,Δb=0.62mm)
(f)

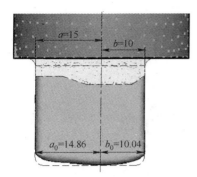

No.6(分体式建模，库仑摩擦，
强制黏着法，Δa=0.14mm，Δb=0.04mm)

(g)

No.7(分体式建模，库仑摩擦，
附加压力法，20MPa，
Δa=0.44mm，Δb=0.09mm)

(h)

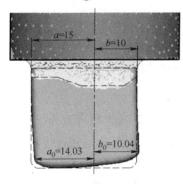

No.8(分体式建模，库仑摩擦，
附加压力法，40MPa，
Δa=0.97mm，Δb=0.04mm)

(i)

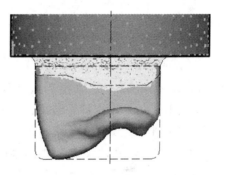

No.9(分体式建模，库仑摩擦，
附加压力法，60MPa)

(j)

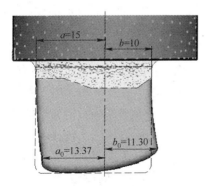

No.10(分体式建模，库仑摩擦，
斜面工作带法，4mm，
Δa=1.63mm，Δb=1.30mm)

(k)

挤压实验(斜面工作带法，4mm)

(l)

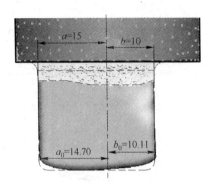 

No.11(分体式建模，库仑摩擦，
斜面工作带法，3mm，
Δa=0.30mm，Δb=0.11mm)

(m)

挤压实验（斜面工作带 3mm)

(n)

图 7-4　工作带结构尺寸及边界条件对型材挤出外形的影响（挤压行程为 2mm）

（a）No. 1；（b）No. 2；（c）挤压实验（等长工作带）；（d）No. 3；（e）No. 4；（f）No. 5；（g）No. 6；
（h）No. 7；（i）No. 8；（j）No. 9；（k）No. 10；（l）挤压实验（斜面工作带法4mm）；
（m）No. 11；（n）挤压实验（斜面工作带法3mm）

1.04mm，Δb 为 0.62mm，如图 7-4(f)所示。

　　No. 6 相比 No. 4 所得计算结果，挤压过程中的金属流动行为几乎没有变化，挤出型材外形平直，如图 7-4(g)所示。由此可得，基于分体式建模，结合强制黏着法计算时，选用剪切摩擦模型对金属的流动阻碍作用远大于库仑摩擦模型。

　　对于不等长工作带，基于分体式建模，附加压力法，库仑摩擦模型的代号分别为 No. 7、No. 8、No. 9，计算结果分别如图7-4(h)、(i)、(j) 所示。由图可知，随着附加压力的增加，对金属流动阻碍作用逐渐增大，使得挤出型材产生右侧刀弯，如图 7-4(i)所示。但当附加压力较小（20MPa）时，不能很好地起到改善金属流动行为的作用，当附加压力过大（60MPa）时，将导致计算结果产生偏差，挤出型材头部产生畸变，如图 7-4(j)所示。因此可得合理的附加压力很难选择。

　　对于不等长工作带，基于分体式建模，斜面工作带法，库仑摩擦模型的代号为 No. 10、No. 11。计算结果如图 7-4(k)、(m)所示。由图可知，由于斜面工作带较好的弥补变形体表面将与模具工作带表面形成夹角β，从而使变形体和工作带表面始终处于完全接触状态，对金属的流动行为的阻碍作用比较显著。

　　在强制黏着法（No. 5 和 No. 6）、附加压力法（No. 7 和 No. 8）、不等长工作带尺寸（L_0 =2mm，L_1 =4mm）的条件下计算时，挤出型材右侧刀弯的弯曲程度显著增加，右侧的偏移程度 Δa 达 1.63mm，Δb 达 1.30mm，如图 7-4(k)所示，与图 7-4(l)挤压实验结果吻合较好。而当不等长斜面工作带尺寸为 L_0 =2mm，L_1 =3mm 时（No. 11），挤出型材表面金属流动均匀性得到了明显改善，挤出型材外形较为平直,如图 7-4(m)所示,实验结果如图 7-4(n)所示,两者吻合较好。

根据以上分析可知,不论采用常规方法,还是采用基于分体式建模、库仑摩擦模型、选用软件默认的变形体和工作带表面的接触方式进行模拟,由于变形体型材和工作带表面始终处于局部接触状态,因此不等长工作带不能完全起到对金属流动阻碍作用,导致模拟与实际结果存在较大偏差,从而不能获得不等长工作带结构尺寸对金属流动行为的影响。

对于采用基于分体式建模结合强制黏着法计算时,型材和工作带表面能够始终处于完全接触状态,并且选择剪切摩擦模型时不等长工作带尺寸对金属流动行为的阻碍作用远大于库仑摩擦模型。但由于金属挤入模孔后已不产生明显的塑性变形,变形体与工作带表面之间应处于滑动摩擦状态,选用库仑摩擦模型与实际情况更为相符。

对于采用基于分体式建模结合附加压力法计算时,不等长工作带对金属流动的阻碍作用的大小取决于所施加的变形体表面的压力。并且对于结构形状复杂的不等长工作带,由于通过人为在与不等长工作带表面接触的型材表面选取网格单元及节点来施加附加压力,所附加的压力区域很难与工作带结构尺寸相吻合,容易导致模拟结果出现偏差。

对于基于分体式建模结合斜面工作带、库仑摩擦模型的计算方法,由于斜面工作带较好地弥补了变形体表面将与模具工作带表面形成夹角 β,从而使变形体和工作带表面始终处于完全接触状态,使得型材表面始终处于受压状态,由库仑摩擦模型计算的摩擦应力能够充分起到对金属的流动阻碍作用,相比强制黏着法和附加压力法,对金属流动行为的改善情况最为显著,可有效地解决变形体和工作带表面的分离问题。

参 考 文 献

[1] 刘静安. 轻合金挤压工模具手册[M]. 北京:冶金工业出版社,2012.

[2] 刘静安. 大型铝合金型材挤压技术与工模具优化设计[M]. 北京:冶金工业出版社,2003.

[3] 刘静安. 轻合金挤压工具与模具(上)[M]. 北京:冶金工业出版社,1999.

[4] 方刚,王飞,雷丽萍,等. 铝型材挤压数值模拟的研究进展[J]. 稀有金属,2007,31(5):682~689.

[5] Fang G, Zhou J, Duszczyk J. Effect of pocket design on metal flow through single-bearing extrusion dies to produce a thin-walled aluminium profile[J]. Journmal of materials processing Technology,2008,199(1~3):91~101.

[6] 方刚,吴锡坤,梁亦清. 应用导流模挤压薄壁铝型材的数值模拟及实验研究. Lw2007 铝型材技术(国际)论坛文集[C]. 广州,2007,3.

[7] Fang G, Zhou J, Duszczyk J. Extrusion of 7075 aluminium alloy through double-pocket dies to

manufacture a complex profile[J]. Journmal of materials processing Technology, 2009, 209(6): 3050~3059.

[8] Lee J M, Kim B M, Kang C G. Effects of chamber shapes of porthole die on elastic deformation and extrusion process in condenser tube extrusion[J]. Materials and Design, 2005, 26: 327.

[9] 黄东男, 马玉, 李有来, 等. 一种分析挤压模不等长工作带结构尺寸的数值模拟方法: 中国, 201310571706.9[P]. 2014-04-04.

[10] 曾攀. 有限元分析及应用[M]. 北京: 清华大学出版社, 2004.

[11] 黄东男. 模具结构对铝合金挤压流动变形行为的影响[D]. 北京: 北京科技大学, 2010.

8 大型实心铝型材工作带结构优化

大型铝合金实心型材挤压模具工作带结构复杂、尺寸变化大，设计难度较大。依靠源于实践的经验规律和模具设计者个人经验的传统设计方法，往往难以解决此类型材挤压模具设计中的优化方案选择、金属流动精确控制等方面的问题[1~4]。而采用有限元数值模拟技术可获得挤压过程中模具结构、挤压工艺参数等对金属流动变形行为、模具内部应力场及位移场的影响，从而为合理设计模具结构、制定挤压工艺提供重要的参考依据[5~10]。为此针对某企业大型工业铝合金型材挤压过程产生的刀弯现象，采用有限元法结合分体式几何建模、斜面工作带方法对其工作带结构尺寸进行了优化配置，对建立大型实心铝合金型材模具工作带设计规范具有一定的参考意义[11]。

8.1 模具结构

大型铝合金实心型材挤压模具不等长工作带结构尺寸的合理配置是获得高表面质量、高尺寸精度产品及提高模具使用寿命的主要手段。图 8-1 所示为大型铝合金型材的断面形状和主要尺寸，其中断面面积为 31303.9mm²。

由图可知，型材壁厚变化较大，最大壁厚部位 B 位于挤压筒中心附近，壁薄部位 (A、C、D) 则远离挤压筒中心。

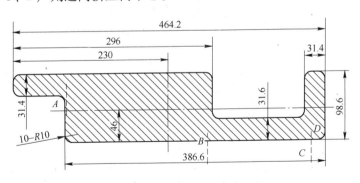

图 8-1 非对称大断面铝型材形状及尺寸

企业模具设计师采用依据实践经验规律的传统工作带结构设计方法，所得工作带结构尺寸如图 8-2 所示，以下用 "Ⅰ" 表示此模具。图 8-2(a) 中的①~⑱分别代表不等长工作带各部位，如④部位的工作带结构尺寸为沿横断面宽为

190mm，沿挤压方向长为19mm。图中"＜"、"＞"表示模孔出口端的相邻不等长工作带间以斜面过渡，如图8-2(d)中⑬、⑭、⑯部位。

根据型材断面形状，模具Ⅰ中，为增加中间壁厚部位 B 的金属流动阻力，减

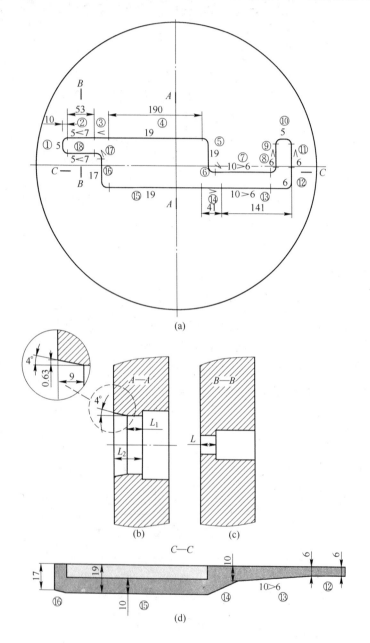

图 8-2　工作带形状及尺寸（Ⅰ）

（a）不等长工作带尺寸；（b）A—A 剖面图；（c）B—B 剖面图；（d）C—C 剖面结构

缓金属流速，工作带长度设计为 19mm，为防止型材表面热胀冷缩脱离工作带，采用了带有阻碍角的工作带设计方式，即 ④、⑮ 部位设有 4°阻碍角，其结构及尺寸如图 8-2(b)所示，其中 $L_2 = 19mm$，$L_1 = 10mm$。其余部分工作带结构形状，如图 8-2(c)所示。采用模具 I 进行现场试挤时，型材产生了右侧刀弯。

8.2　几何模型构建及边界条件

为了减小或消除型材所产生的刀弯缺陷，同时缩短修模周期、减少试模次数、降低修模成本，本节采用有限元法结合分体式几何建模、斜面工作带方法分析不等长工作带尺寸对金属流动行为的影响，对工作带结构尺寸进行优化配置，预测挤出型材外形，为实际生产过程中的模具设计及修模提供理论参考。

由图 8-2(b)可知，当模具 I 的阻碍角为 4°时，高度仅为 0.63mm，由于模拟过程中忽略了变形体的热胀冷缩现象，因此构建几何计算模型时，可忽略阻碍角，认为工作带有效接触长度为 19mm。

由于挤压过程中变形体在挤压筒内壁和模具表面之间是剪切变形，属于黏着摩擦，应采用剪切摩擦模型。摩擦因子 $m = \sqrt{3}\dfrac{\tau}{\sigma}$（$m$ 为 1，τ 为摩擦切应力，σ 为材料流动应力）。

而由于和工作带表面接触的变形体已不产生变形，因此变形体与工作带表面之间应属于滑动摩擦，应采用库仑摩擦模型，其中 $\mu = \mu_0(1 - e^{\alpha p})$（$\mu$ 为摩擦因子，$\mu_0 = 0.57$，$\alpha = 0.012$，p 为压力）。

为此有限元数值模拟时应采用分体式建模方式，同时为抑制变形体网格单元和工作带表面产生脱离，采用倾角为 1°的斜面工作带，其实体模型如图 8-3所示。

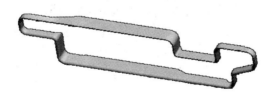

图 8-3　从模具实体内提取分离的工作带实体模型（I）

设高温下 7050 铝合金材料为黏塑性材料，采用文献 [10] 所建立的 7050 铝合金高温流动变形行为模型。参考现场生产实际，挤压工艺条件为，坯料430℃，挤压筒440℃，模具420℃，挤压垫30℃，挤压轴速度0.3mm/s。挤压筒为 $\phi650mm$，坯料为 $\phi630mm$，挤压比为10.6。所构建的几何计算模型及网格划分，沿箭头方向装配前的位置情况，如图 8-4 所示。

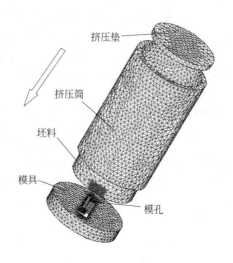

图 8-4　几何模型及网格划分（Ⅰ）

8.3　挤压金属流动行为分析

　　对于模具结构Ⅰ，采用斜面工作带，通过有限元法计算得到的金属流动行为，如图 8-5 ~ 图 8-7 所示。图 8-5 所示为沿 z 轴负向（平行于挤压方向）视图。其中"黑点"为距离模孔出口端，$h = 20$mm 时沿型材断面周长等距离的速度分布点。不同行程时，挤出型材外形及其垂直于挤压方向（x 轴负向）断面（$A—A$）速度分布情况，如图 8-6 所示。

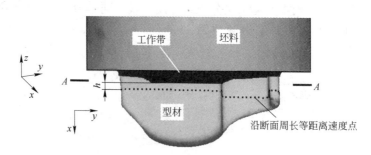

图 8-5　断面及速度点位置（模具Ⅰ）

　　根据图 8-6(a)可知，挤压初始阶段，靠近挤压筒中心的型材部位 B 壁厚最大，金属最容易流动，并且此部位断面流速均匀，流速大小为 3.73/mm。靠近挤压筒壁的型材 A 和 D 部位，壁厚较小，又受挤压筒壁摩擦阻碍，流速较慢。由于挤压行程仅为 10.6mm，A、C、D 断面对 B 断面的金属流速的影响较小，使得挤出型材头部呈较大的"凸"形状，尚未产生刀弯。随着挤压行程的增加，由于

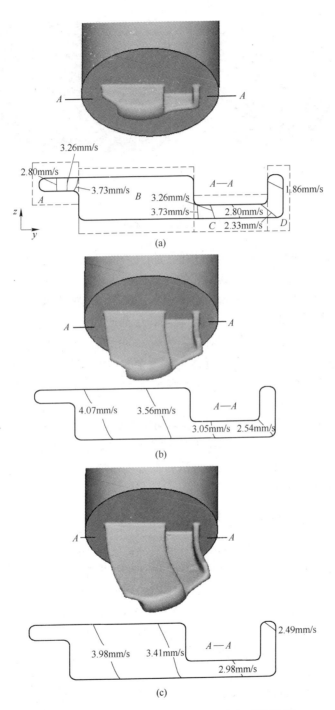

图 8-6　挤出型材外形及断面速度场分布（模具Ⅰ）

（a）行程为 10.6mm；（b）行程为 30.0mm；（c）行程为 41.5mm

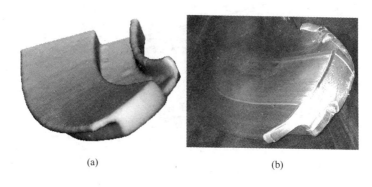

（a）　　　　　　　　　　　　（b）

图8-7　挤压出型材外形（模具Ⅰ）
（a）模拟结果；（b）实际生产结果

靠近挤压筒中心 B 断面面积最大，并且与挤压筒中心不对称，左侧部位面积大，金属容易流动，流速快，而与其紧邻的 A 断面面积较小，对其沿挤压反方向拉附应力较小，从而对其的流速制约较小；相反挤压筒中心的右侧面积较小，金属流速必然慢于左侧，同时与其相邻的型材 C、D 部成凹形槽，并且宽度尺寸较大，厚度较小，金属流动困难，从而对其产生较大的沿挤压反方向附加拉应力，严重制约了 B 部位右侧的流速。最终导致型材整个断面流速不均，挤出型材产生了刀弯，如图 8-6（b）所示。当挤压行程继续增加时，刀弯程度逐渐增加，如图 8-6（c）所示。

挤出型材头部外形的数值模拟结果和实际生产结果对比情况，如图 8-7 所示，由图可知，模拟结果和实际结果基本吻合，表明本节所采用的斜面工作带法结合分体式建模及库仑摩擦模型的方法，在分析不等长工作带对金属流动行为的影响等方面具有可行性。

8.4　不等长工作带结构尺寸优化

上述分析表明，由于模具Ⅰ中设计的不等长工作带配置不合理，导致了挤压过程产生刀弯现象，为此对不等长工作带尺寸进行优化[12]。

根据模具Ⅰ的金属流动情况，应减缓中间部位 B 及左边部 A 的流速，同时应相应增加 C 和 D 部位的流速。为此应增加部位 B 和 A 的工作带长度（实际修模时，可采用补焊法增加工作带长度），同时减少 C 和 D 的工作带长度，来平衡型材断面金属流速。为此本节设计了两种不等长工作带尺寸的优化方案，分别以模具Ⅱ和模具Ⅲ来表示。

模具Ⅱ，保持阻碍角大小及 9mm 边长不变。对于图 8-2（a）中的④和⑮部位，将 L_1 由于 10mm 增为 13mm，即 $L_2 = 22$mm；将⑥～⑬部分的工作带减短 2mm，其中流速最慢部位⑩的工作带长度减为 3mm。其他部位尺寸保持不变，与模具Ⅰ

尺寸相同。

模具Ⅲ，在模具Ⅱ的工作带长度基础上，为更有效减缓中间部位断面的金属流速，将 L_1 由 13mm 增为 15mm，即 $L_2 = 24$mm，同时⑥~⑬部分工作带长度尺寸保持和模具Ⅱ相同。另外为进一步减缓型材右侧断面的金属流速，将①~③、⑯~⑱工作带尺寸增加 3mm，如右边部①的工作带长度由 5mm 增为 8mm。

为了分析模具（Ⅰ、Ⅱ、Ⅲ）挤压过程中，型材断面金属流速分布的均匀情况，在距离模孔工作带出口端，$h = 20$mm 的位置，沿型材横断面周长等距离取速度点，如图 8-5 所示，得到型材断面流速分布情况，如图 8-8 所示。其中横坐标为沿模孔周长展开的工作带尺寸，纵坐标分别为与此相对应的各段工作带长度及各段工作带所对应的金属流速。①~⑱分别代表各段工作带。

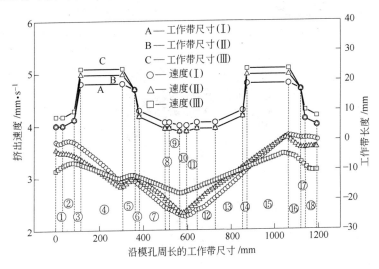

图 8-8　沿断面周长的速度分布情况

根据图 8-8 可知，采用模具Ⅰ挤压时，型材断面最大流速和最小流速的相差最大，流速分布最不均匀。模具Ⅱ相比模具Ⅰ，型材断面原流速快的①~⑥部位流速得到了减慢、原流速较慢的⑦~⑭部位流速略有降低、原流速较高的⑮~⑱部位得到了小幅度下降。可见对于此方案的工作带尺寸优化，虽然对金属的流动行为有一定改善，但是型材断面增加流速和降低流速的幅度匹配相差较大，使得挤出型材仍存在较大的刀弯。当采用模具Ⅲ时，型材断面原流速较慢的⑧~⑫部位的流速得到了显著提高、原流速较快的①~⑥部位流速大幅度降低，从而使得整个型材断面流速较为均匀，因此挤出型材外形较平直。

模具（Ⅰ、Ⅱ、Ⅲ）挤出的型材外形如图 8-9 所示。设初始挤出模孔的型材宽度 $d_0 = 446.2$mm，挤出型材头部的直线宽度为 d_1，弯曲程度以 Δd 表示，$\Delta d = d_0 - d_1$。由图可知。模具Ⅰ $\Delta d = 39.8$mm，模具Ⅱ相比Ⅰ，Δd 减小了近 1/2，虽说弯曲程度得到了一定的改善，但还是形成了刀弯。而模具Ⅲ相比Ⅰ，Δd减小量大于其$1/6$，d_1仅为$6.3mm$，使得挤出的型材表面较平直。

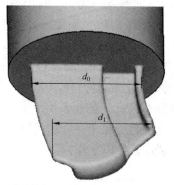

$d_0 = 464.2mm$，$d_1 = 424.4mm$，$\Delta d = 39.8mm$

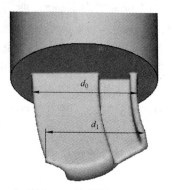

$d_0 = 464.2mm$，$d_1 = 445.1mm$，$\Delta d = 19.1mm$

$d_0 = 464.2mm$，$d_1 = 457.9mm$，$\Delta d = 6.3mm$

图 8-9 挤出型材外形（行程 42.5mm）

（a）模具Ⅰ；（b）模具Ⅱ；（c）模具Ⅲ

8.5 等效应力分布

型材表面的等效应力分布如图 8-10 所示。由图可知，型材表面的最大等效应力主要集中的模孔入口附近，挤出模孔后开始逐渐减小。

对于模具Ⅰ和模具Ⅱ，由于型材表面金属流动不均，型材产生了刀弯，使得在刀弯的弯曲部位存有较大的应力集中，如图 8-10（a）、（b）中等高线 E 和 D 所示。

挤出型材刀弯弯曲程度越大，挤出型材断面的速度分布越不均匀，从而使型材流速较高的断面产生了拉附应力，流速低的断面产生了压附应力。使得挤出型材内部残余应力分布不均，型材产品内部应力始终处于不平衡状态，将会降低型材的尺寸精度、稳定性和力学性能，并且易造成应力腐蚀。

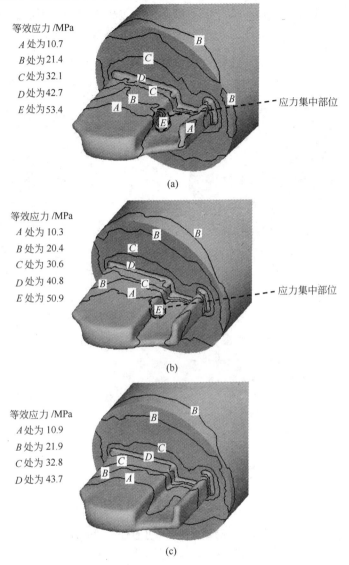

图 8-10 型材表面等效应力分布（行程 35.3mm）

（a）模具Ⅰ；（b）模具Ⅱ；（c）模具Ⅲ

采用模具Ⅲ挤出的型材表面较平直，无应力集中现象，如图 8-10（c）所示。可有效减少产品内部的残余应力，有利于提高型材的综合性能。

8.6 温度场分布

挤压过程中，变形体的温升主要来源于塑性成型热（90%）及摩擦生热

（10%），前者主要来源于挤压比和挤压速度。后者来源于变形体和挤压筒内壁、死区界面上的变形体、工作带的摩擦。由于挤压过程中的型材表面温升过高，型材表面容易黏模和划伤。为了分析模具优化前后工作带尺寸对挤出型材温度的影响，得到了模具（Ⅰ、Ⅱ、Ⅲ）挤压过程中型材表面温度分布情况，如图8-11所示。

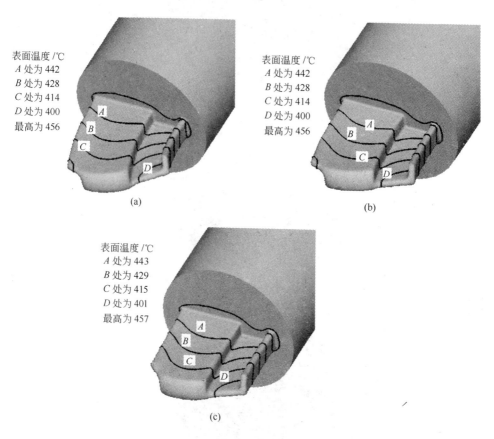

图 8-11 型材温度场分布（行程 45.2mm）

（a）模具Ⅰ；（b）模具Ⅱ；（c）模具Ⅲ

由图8-11可知，模具（Ⅰ、Ⅱ、Ⅲ）挤压时，型材表面的最高温升皆小于27℃，模孔出口处型材表面最高温度不超过457℃，不会影响到型材的表面质量。随着挤压行程的增加，型材头部向环境散热增加，导致型材表面的温度分布沿挤压方向逐渐降低。根据所得温度场分布情况可知，模具（Ⅰ、Ⅱ、Ⅲ）的工作带尺寸的改变，对型材表面的温度分布及最高温升几乎没有影响。

沿型材横断面尺寸展开后工作带出口处型材表面温度分布曲线，如图8-12所示。由图可知，整个断面型材温度在449~457℃间，温度差为8℃，温度分布的曲线形状和工作带尺寸长度分布曲线大致相同。最高温度为型材断面④、⑮部位，即工作带最长部位。然后开始由此向两侧逐渐降低，其中①～③部位、⑩～⑭部位为温度曲线的上升阶段，⑥～⑩部位、⑰～⑱部位为温度曲线的下降阶段。在型材断面⑩部位工作带尺寸最短，温度最低。

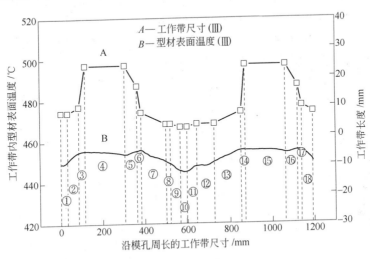

图 8-12　沿断面周长的温度分布情况

参 考 文 献

[1] 刘静安. 轻合金挤压工模具手册[M]. 北京：冶金工业出版社，2012.

[2] Murakami S. Adoption of aluminum extrusion and its technology[J]. Journal of the Japan Society for Technology of plasticity, 2008, 49(567):25～30.

[3] Chanda T, Zhou J, Kowalski L. 3D FEM simulation of the thermal events during AA6061 aluminum extrusion[J]. Scripta Materialia, 1999, 41(2):195～202.

[4] Yang D Y, Park K, Kang Y S. Integrated finite element simulation for the hot extrusion of complicated Al alloy profile[J]. Journal of Materials Processing Technology , 2001, 111(1～3):25～30.

[5] Jo H H, Lee S K, Jung S C. A non-steady state FE analysis of Al tubes hot extrusion by a porthole die [J]. Journal of Materials Processing Technology, 2006, 173(2):223～231.

[6] Yang D Y, Kim K J. Design of processes and products through simulation of three-dimensional extrusion [J]. Journal of Materials Processing Technology, 2007, 191(1～3):2～6.

[7] 方刚, 吴锡坤, 梁亦清. 应用导流模挤压薄壁铝型材的数值模拟及实验研究. Lw2007 铝型材技术（国际）论坛文集[C]. 广州，2007. 3.

[8] Li L, Zhang H, Zhou J. Numerical and experimental study on the extrusion through a porthole die to produce a hollow magnesium profile with longitudinal weld seams[J]. Materials and De-

sign，2007，5：2 ~ 9.

[9] Liu G，Zhou J，Duszczyk J. FE analysis of metal flow and weld seam formation in a porthole die during the extrusion of a magnesium alloy into a square tube and the effect of ram speed on weld strength［J］. Journal of Materials Processing Technology，2008，200：85 ~ 98 .

[10] Li J P，Shen J，Xu X J，Flow Stress of 7050 high strength aluminum alloy during high temperature plastic deformation［J］. Chinese Journal of Rare Metals，2009，33(3)：308 ~ 322.

[11] 黄东男，马玉，李有来，等. 一种分析挤压模不等长工作带结构尺寸的数值模拟方法：中国，201310571706. 9［P］. 2014-04-04.

[12] Huang Dongnan，Ni Yu，Shao Fanglei. The metal flowing behaviors and die bearing band optimization of a large Al-alloy extrusion profile［J］. Materials Science Forum，2013，749：268 ~ 273.

9 高性能镁合金挤压过程模拟

镁合金作为最轻的实用结构材料，产品主要以铸造成型为主[1]。近年通过挤压、轧制等方法加工的变形镁合金逐渐受到关注，但为了在交通运输等方面获得更多的应用，必须进一步提高变形镁合金的综合性能[2]。

目前，挤压成型的镁合金材料主要以 Mg-Al-Zn 系的 AZ31 镁合金为主。而 AZ91 镁合金的强度远高于 AZ31，但其塑性较低，对应变速率也更为敏感，在变形速度较快时容易造成表面开裂，因此 AZ91 镁合金的挤压速度很低，并且制品的出口速度通常在 1m/min 以下[3~7]。由于挤压速度过低将增加成本，难以进行工业化生产。因此，如何提高可挤压速度，是 AZ91 合金可用作变形镁合金的关键之一[8~10]。为此采用数值模拟结合挤压实验方法，重点研究模具结构对 AZ91 镁合金挤压变形应力场、速度场、温度场的影响，讨论挤压速度对制品表面质量的影响[11]。

9.1 模型构建

为研究模具结构对高性能镁合金棒材制品挤压成型性能的影响，设计了平模、锥模、流线模三种结构的棒材挤压模具，模具结构尺寸如图 9-1 所示。由图

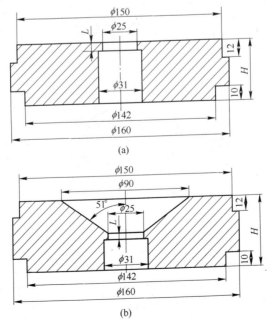

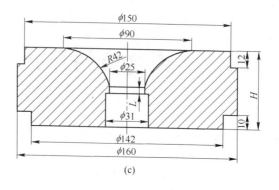

图 9-1　模具结构尺寸示意图

(a) 平模；(b) 锥模；(c) 流线模

可知，模孔直径为 25mm，定径带长度为 $L = 5 \sim 25mm$，模具高度 $H = 42 \sim 60mm$。挤压比为 14.4，挤压筒直径为 95mm。

　　由于棒材挤压属于轴对称变形过程，为减少单元网格数量及计算时间，取 1/8 模型进行过程模拟，如图 9-2 所示。

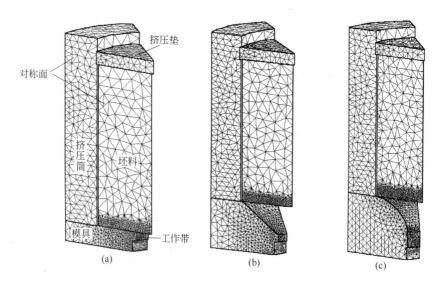

图 9-2　几何模型

(a) 平模；(b) 锥模；(c) 流线模

　　挤压初始工艺条件为坯料的初始温度 380℃，挤压筒初始温度 350℃，模具初始温度 300℃，挤压速度 5mm/s，挤压垫温度 30℃，坯料与环境的传热系数 $100W/(m^2 \cdot K)$，坯料与模具的传热系数 $1100W/(m^2 \cdot K)$。

由于塑性变形生热、摩擦生热等引起的金属温度迅速升高，故将坯料设为热黏塑性材料，模具设为刚性材料，坯料和模具之间选用剪切摩擦模型，摩擦因子 $m = \sqrt{3}\dfrac{\tau}{\sigma}$（$\tau$为接触摩擦切应力，$\sigma$ 为材料的流动应力）。根据 AZ91 镁合金的圆环压缩实验结果，取 $m = 0.4$。

模拟时选用式(2-17)中 AZ91 镁合金本构关系模型。根据对定径带长度 $L = 5\text{mm}$ 的平模、锥模、流线模挤压时的金属流动行为进行分析，参考文献［12］给出的关于挤压过程平均应变速率计算公式，取挤压条件下的平均应变速率为 $\dot\varepsilon = 0.55\text{s}^{-1}$。

$$\dot\varepsilon = \frac{\varepsilon_e}{t_s} = \frac{\ln\lambda}{B_M/B_s} \tag{9-1}$$

式中，ε_e 为挤压时平均真实延伸应变；t_s 为金属在变个形区停留时间，s；λ 为挤压比；B_M 为塑性变形区的体积，mm^3；B_s 为挤压变形中金属秒流量，mm^3。

9.2 挤压过程温升及速度对成型性能的影响

AZ91 镁合金稳态挤压时坯料温度场分布情况如图 9-3 所示。由图可看出，在坯料与挤压垫接触区域附近，采用平模、锥模、流线模三种模具挤压时，坯料温度变化规律基本相同，都是由于坯料与挤压垫间的大温差所引起的热传导作用而使此部位的坯料温度下降显著。坯料逐渐进入变形区（即等高线 G 和 H 所在区域）后，三种模具结构导致的温升情况不同，锥模和流线模模孔附近金属变形

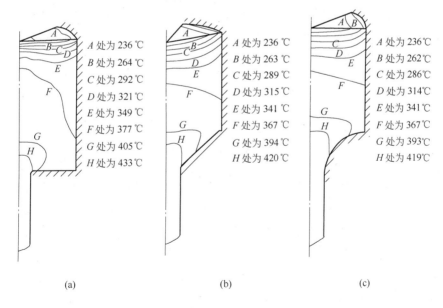

图 9-3 稳态挤压时坯料的温度分布
（a）平模；（b）锥模；（c）流线模

量相比平模小，其等效应变分别为 3.80 和 3.57，变形较均匀，温升较少，模孔出口处温度分别为 420℃ 和 419℃。

平模模孔附近由于金属变形剧烈，并且等效应变高达 4.45，使得合金温度升高较快，在模具出口附近达到制品表面温度为 433℃。而根据图 2-3 所示的合金的应力-应变关系曲线可以得出，当变形温度高于 425℃ 时，AZ91 镁合金的延伸率急剧下降，因此平模不利于 AZ91 镁合金挤压成型。

图 9-4 所示为挤压变形区内金属流动速度的分布，从变形区入口至出口，金属流动速度逐渐增大。平模和锥模由于在定径带入口处有"拐点"，在其附近流动速度变化快，所以整个速度场变化集中在定径带入口处，而流线模的金属流速则在整个变形区内分布都较为均匀。

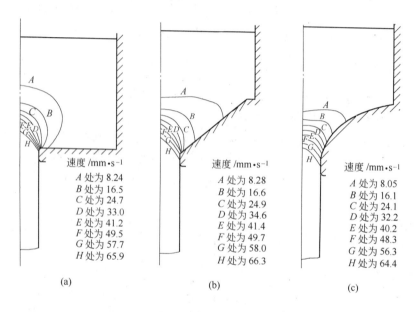

图 9-4　稳态挤压时变形区内的流动速度分布（挤压速度 5mm/s）
(a) 平模；(b) 锥模；(c) 流线模

定径带内沿半径方向上的速度分布如图 9-5 所示，设其中坐标原点为模孔的中心，r 为棒材制品的半径。从图中可以看出，由于合金与模具间的摩擦阻力作用，在定径带内出现心部与表层的速度差。采用平模时，从棒材中心到表面，即 $r = 10.3$mm 的范围内速度均为 72.2mm/s，但在表层 2.2mm 厚度范围内，速度急剧下降至 55.2mm/s，即在仅 2.2mm 厚的表层内，产生了 17mm/s 的速度差。采用锥模时，在表层 2.4mm 厚度范围内产生 13.1mm/s 的速度差，采用流线模时，在表层 6mm 厚度范围内仅产生 6.9mm/s 的速度差。

定径带内横断面上速度差的存在，使得挤出棒材的心部受压应力、表层受拉

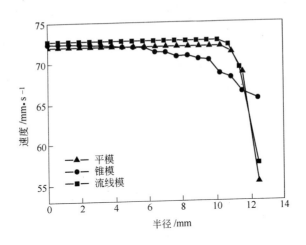

图 9-5　定径带内横断面上的速度分布（挤压速度 5mm/s）

应力，并且在模具出口处表层的拉应力达到最大值。计算表明，对于平模和锥模，表层产生的轴向附加拉应力值最大为 102MPa 和 80MPa。根据温度场的分析，此时模孔出口温度分别为 433℃ 和 420℃，而应力-应变关系表明此温度下的抗拉强度分别为 60MPa 和 70MPa。因此，采用平模、锥模挤压将导致棒材表面开裂。当采用流线模（定径带长度为 5mm）时，模具出口温度 419℃，表层最大附加拉应力为 72MPa。虽然最大附加拉应力与平模、锥模的相比有所降低，但仍然高于相应温度下合金的抗拉强度，因此棒材表面仍会产生裂纹。

9.3　定径带长度对金属流动行为的影响

根据以上分析可知，虽然采用流线模挤压变形较为均匀，模孔出口处制品表面的轴向附加拉应力较小，但当定径带（工作带）长度为 5mm 时，制品表面仍然产生裂纹。为了抑制制品表面裂纹，同时最大限度地提高镁合金的可挤压速度，对挤压速度为 1mm/s、2.5mm/s、5mm/s、7.5mm/s、10mm/s，定径带 $L=$ 10mm、15mm、20mm、25mm 的三种模具挤压时模孔出口处的制品表面温度与附加应力进行研究分析。

不同挤压速度时，在模孔出口处，制品表面温度与定径带长度的关系如图 9-6 所示。由图可知，随挤压速度和定径带长度增加棒材表面温度增加，并且挤压过程中制品温升较大。

挤压过程中制品表面温度过高及附加拉应力过大是 AZ91 镁合金棒材表面产生裂纹的主要因素。由于 AZ91 镁合金低熔点相 $Mg_{17}Al_{12}$ 的熔点为 462℃[13]，而挤压过程中，制品表面温度如高于此温度将容易导致表面产生裂纹。三种模具模孔处棒材温度的模拟计算结果见表 9-1。

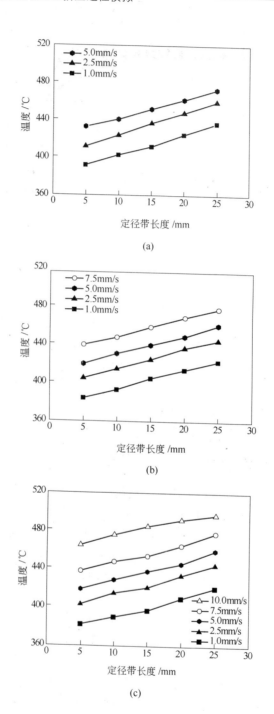

图9-6 定径带长度和挤压速度对棒材表面温度的影响
（a）平模；（b）锥模；（c）流线模

表 9-1 挤压速度和定径带长度对棒材出口温度的影响 （℃）

模具结构	挤压速度/mm·s⁻¹	1	2.5	5	7.5
平模	$L = 15mm$	412	437	452	471
	$L = 20mm$	425	448	462	481
	$L = 25mm$	437	460	473	494
锥模	$L = 15mm$	405	425	440	459
	$L = 20mm$	414	437	449	469
	$L = 25mm$	423	445	461	478
流线模	$L = 15mm$	397	421	438	454
	$L = 20mm$	410	434	446	465
	$L = 25mm$	421	445	460	478

根据图 9-6 及表 9-1 可知，当采用平模挤压，挤压速度为 5mm/s、定径带 $L < 15mm$ 时，以及采用锥模挤压，挤压速度为 7.5mm/s、定径带 $L < 15mm$ 时，模孔出口温度低于 AZ91 镁合金中低熔点相 $Mg_{17}Al_{12}$ 的熔点 462℃，不易因温度过高而导致制品表面开裂。当采用流线模挤压，挤压速度为 10mm/s、定径带长度为 5mm 时，模孔出口温度已经超过 AZ91 镁合金中低熔点相 $Mg_{17}Al_{12}$ 的熔点 462℃，易导致挤出制品开裂；当挤压速度为 7.5mm/s、定径带 $L < 20mm$ 时，可保证模孔出口处制品温度低于 460℃；挤压速度在 5mm/s 以下时，各定径带长度条件下模孔出口处制品温度均低于 460℃，可保证不因出口温度过高而导致制品表面开裂。

由上述分析可知，采用平模、锥模挤压时温升高于流线模，而且其可挤速度明显低于流线模。同时为了提高挤压速度，可以降低坯料温度，以防止模孔出口处制品温度过高，但坯料温度过低，挤压力能消耗显著增加，对挤压生产经济性产生不利影响。

造成 AZ91 镁合金挤压制品开裂的另一因素，是模孔出口处制品表层附加拉应力大于其抗拉强度。随挤压速度、定径带长度变化，制品表面最大附加拉应力如图 9-7 所示。从图中可以看出，挤压速度越快，表层附加拉应力越大。定径带长度对其影响是非线性的，即在 $L = 15 \sim 20mm$ 时，附加拉应力最小。当定径带过短，即为 5mm、10mm 时，由于定径带处的摩擦阻力不足，无法对变形区内的合金产生足够高的静水压力，因此在刚离开挤压模时会产生开裂。适当增加定径带长度可使得变形区内合金处于更为强烈的三向压应力状态，利于成型。而当定径带过长，即为 25mm 时，由于摩擦力过大又会使得附加拉应力上升。

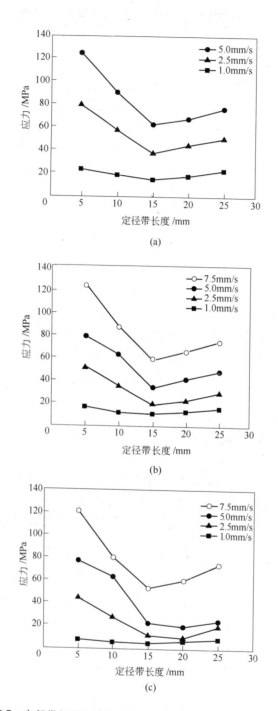

图9-7   定径带长度和挤压速度对棒材表面附加拉应力的影响

（a）平模；（b）锥模；（c）流线模

从结果可以看出，对于平模，当挤压速度为 1mm/s 时，在定径带长度 5 ～ 25mm 范围内，附加拉应力小于 25MPa；当挤压速度为 2.5mm/s 时，在定径带长度 10 ～ 20mm 范围内，附加拉应力小于 60MPa，均低于相应温度下合金的抗拉强度。

对于锥模，当挤压速度不超过 2.5mm/s 时，在定径带长度 5 ～ 25mm 范围内，附加拉应力小于 55MPa；当挤压速度为 5mm/s 时，定径带长度在 15 ～ 20mm 范围内，产生的附加拉应力为 30 ～ 45MPa，低于相应温度下合金的抗拉强度。

对于流线模，当挤压速度不超过 2.5mm/s 时，在定径带长度 5 ～ 25mm 范围内，附加拉应力小于 50MPa，低于相应温度下合金的抗拉强度。当挤压速度为 5mm/s 时，定径带长度在 15 ～ 25mm 范围内，产生的附加拉应力为 20 ～ 30MPa，不易引起挤出制品开裂；而当定径带长度为 5 ～ 10mm 时，附加拉应力达到 65 ～ 80MPa。当挤压速度为 7.5mm/s 时，只有定径带长度为 15mm 时挤出制品表面的附加拉应力为 58MPa，略低于相应温度下合金的抗拉强度。

9.4 挤压实验

根据以上分析结果，采用定径带长度 $L = 5mm$ 的平模、锥模以及 $L = 10mm$ 和 $L = 20mm$ 流线模对 AZ91 镁合金进行了挤压实验。实验在 650t 挤压机上进行，挤压速度为 4.6mm/s（制品流出速度为 3.97m/min），其他挤压工艺参数与定径带 $L = 5mm$ 时工艺参数相同。模具实物如图 9-8 所示。润滑剂为石墨乳。

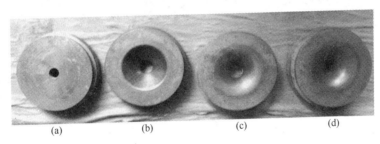

图 9-8 模具实物图
（a）平模（$L = 5mm$）；（b）锥模（$L = 5mm$）；（c）流线模（$L = 10mm$）；（d）流线模（$L = 20mm$）

AZ91 镁合金挤压后制品的表面形貌如图 9-9 所示。平模挤压后棒材表面出现粗大的环状周期性裂纹，裂纹宽度及深度都较大；锥模挤压后棒材表面也呈周期裂纹，但与平模挤出的情况相比，裂纹宽度和深度有所减小；采用 $L = 10mm$ 的流线模挤压时，棒材制品表面出现的裂纹较细小；采用 $L = 20mm$ 的流线模挤压后，棒材制品表面光亮无裂纹。

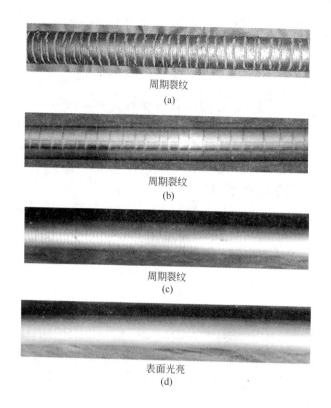

周期裂纹

(a)

周期裂纹

(b)

周期裂纹

(c)

表面光亮

(d)

图 9-9 AZ91 镁合金挤压棒材表面形貌

（a）平模；（b）锥模；（c）$L=10\text{mm}$ 的流线模；（d）$L=20\text{mm}$ 的流线模

参 考 文 献

［1］师昌绪，李恒德，王淀佐，等. 加速我国金属镁工业发展的建议[J]. 材料导报，2001，15（4）:1~5.

［2］村井勉. マグネシウム合金の押出し加工と形材の利用[J]. 塑性と加工，2007，48（556）:397~383.

［3］松岡信一. マグネシウム合金の機械材料としての可能性と加工技術[J]. 塑性と加工，2007，48（556）:355~357.

［4］鎌土重晴. マグネシウム合金の材料特性と加工技術[J]. 塑性と加工，2007，48（556）:358~365.

［5］Ravi Kumar V N, Blandin J J, Desrayaud C, et al. Grain refinement in AZ91 magnesium alloy during thermomechanical processing[J]. Materials and Engineering，2003（359）:150~157.

［6］李淑波，吴昆，郑明毅，等. 挤压对 AZ91 铸造镁合金力学性能的影响[J]. 材料工程，2006（12）:54~56.

［7］王建军，王智民. 挤压变形制备高强度镁合金的探索[J]. 铸造，2006，55（6）:

568 ~ 571.

［8］ Ben-Haroush M, Ben-Hamu G, Eliezer D. The relation between microstructure and corrosion behavior of AZ80 Mg alloy following different extrusion temperatures［J］. Corrosion Science, 2008, 50: 1766 ~ 1778.

［9］ Lapovok Ye R, Barnett R M, Davies J H C. Construction of extrusion limit diagram for AZ31 magnesium alloy by FE simulation［J］. Journal of Materials Processing Technology, 2004, 146: 408 ~ 414.

［10］ 金军兵, 王智祥, 刘雪峰, 等. 均匀化退火对 AZ91 镁合金组织和性能的影响［J］. 金属学报, 2006, 42(10):1014 ~ 1018.

［11］ 黄东男, 李静媛, 谢建新. 模具结构对 AZ91 镁合金挤压成形性能的影响［J］. 塑性工程学报, 2009, 18(4):105 ~ 110.

［12］ 谢建新, 刘静安. 金属挤压理论与技术［M］. 2 版. 北京: 冶金工业出版社, 2012.

［13］ 白亮, 潘复生, 杨明波. Mg-(6-8)Al-0.7Si 合金的组织和力学性能分析［J］. 重庆大学学报, 2006, 29(10):96 ~ 99.